二维 GaN 纳米片
制备技术及特性调控

崔 真　柳 南　李恩玲　著

北　京

冶 金 工 业 出 版 社

2024

内 容 提 要

本书共分 14 章，主要内容包括两步法制备氮化镓纳米片、化学气相沉积法制备氮化镓纳米片、液态金属催化法制备二维氮化镓纳米片，掺杂、吸附、钝化对二维氮化镓纳米片电子和光学特性的调控机制，二维氮化镓/Si_9C_{15}异质结光催化性能和扭曲双层二维氮化镓电子、力学和光学特性。

本书可供电子科学与技术、微电子学与固体电子学、光电信息工程、物理学类本科生、研究生及相关领域工程技术人员阅读，也可作为高等院校相关专业师生的教学参考用书。

图书在版编目 (CIP) 数据

二维 GaN 纳米片制备技术及特性调控 ／ 崔真，柳南，李恩玲著 . -- 北京 ：冶金工业出版社，2024.9.

ISBN 978-7-5024-9996-9

Ⅰ . TN204

中国国家版本馆 CIP 数据核字第 2024NE6290 号

二维 GaN 纳米片制备技术及特性调控

出版发行	冶金工业出版社	**电　话**	(010)64027926
地　址	北京市东城区嵩祝院北巷 39 号	**邮　编**	100009
网　址	www.mip1953.com	**电子信箱**	service@mip1953.com

责任编辑　王悦青　美术编辑　吕欣童　版式设计　郑小利

责任校对　王永欣　责任印制　禹　蕊

北京印刷集团有限责任公司印刷

2024 年 9 月第 1 版，2024 年 9 月第 1 次印刷

710mm×1000mm　1/16；12.75 印张；250 千字；194 页

定价 79.00 元

投稿电话　(010)64027932　投稿信箱　tougao@cnmip.com.cn

营销中心电话　(010)64044283

冶金工业出版社天猫旗舰店　yjgycbs.tmall.com

(本书如有印装质量问题，本社营销中心负责退换)

前　　言

　　二维材料指的是二维原子晶体材料，这种材料内部的电子被限制在平面两个维度内运动，如石墨烯、过渡金属硫化物等。氮化镓是一种直接带隙半导体材料，氮化镓基半导体材料是继以硅为代表的第一代和以砷化镓为代表的第二代之后的第三代半导体材料，具有优异的光学、电学及电子特性。氮化镓的热稳定性和机械稳定性良好，并且在光电子和微电子器件等方面具有广泛应用。对二维氮化镓的研究主要集中在两个方面，一方面是基于第一性原理对其电子结构及物理性质进行理论研究；另一方面是对其可控制备及形成机理的研究。二维氮化镓材料在高亮度短波长发光二极管、半导体激光器及光电探测器、光学数据存储、高性能紫外探测器和高温、高频、大功率半导体器件等光电子学和微电子学领域具有广泛的应用前景。

　　本书系统介绍了二维氮化镓纳米片的制备及光电特性调控，是作者研究小组十余年来在二维氮化镓纳米片光电特性调控领域的主要研究工作和成果。涉及不同方法制备二维氮化镓纳米片、吸附和掺杂调控二维氮化镓纳米片光电特性、构建异质结和双层堆叠调控二维氮化镓光催化特性等。

　　本书内容涉及物理、化学、材料和电子信息等多个领域的相关知识，每章的内容秉承中心统一、分类叙述的宗旨，以便读者更好的了解本书的内容。本书采用理论研究与实验相结合的方式，重点对氮化镓纳米片的形成机理进行了详细的阐述，另外对异质结的光电流进行了系统的研究。部分章节包括作者近年来的一些研究结果及有关文献上的资料。

　　本书的工作得到国家自然科学基金项目和陕西省重点研发计划项目的资助，感谢研究生赵滨悦、郑江山、彭拓、沈鹏飞、赵鸿远、刘畅、董彦波对本书的贡献。

　　本书是对氮化镓纳米片制备技术和光电特性调控研究工作的总结，由于作者水平有限，书中若存在不足之处，欢迎读者不吝指正。

作　者

2024 年 7 月

目　　录

1 绪　　论

1.1　二维材料

二维材料是指二维原子晶体材料，这种材料内部的电子被限制在平面两个维度内运动，如石墨烯、过渡金属硫化物等[1]。最早由英国曼彻斯特大学 Novoselov 和 Geim 等人利用微机械裂解技术从石墨中成功剥离出一种单原子厚度的碳结晶层（石墨烯）[2]，石墨烯的出现引发了人们对其他二维材料的探索。

1.1.1　二维材料的性质

近年来，一些新制备出来的二维材料[3-11]（单质、Ⅲ-Ⅴ族化合物、过渡金属硫化物等）均表现出非凡的物理及化学属性、优异的电子及光学特性。例如，它们均拥有较大的比表面积、出色的机械稳定性和抗腐蚀及高电压特性，制成的元器件可在一些极端条件下正常工作。在纳米尺度下，二维材料原子核外电子能量量子化随着不断受限的运动尺寸而变得越发突出，这最终导致电子能量由原本连续的能带变为分立的能级[12]。这也使得二维材料相比于体材料将出现强烈的量子限制效应，例如一些二维材料出现超宽带隙及吸收光谱蓝移。除此之外，纳米尺度下的二维材料的界面效应和隧道击穿效应等特性更为显著[13]。此外，当两层二维材料以一定的角度旋转时会改变其电学性能。例如扭曲双层石墨烯随旋转角改变已显示出从非导电性到超导电性的极大不同的电学特性[14-15]。

1.1.2　二维材料的应用

也正是因为二维纳米材料有更小的体积却具备体材料所不具备的性质，所以才可以在实际应用的诸多方面化繁为简，同时又提高效率。单层石墨烯的光吸收率高达 2.3%[16-17]，这意味着它可以消除无用反射光、有害杂散光，进而可被应用于各种精密光学仪器和成像传感仪器。石墨烯在室温下还具有极高的载流子迁移率（$1.5\times10^4\ cm^2/(V\cdot s)$），可被用作石墨烯太阳能电池及石墨烯纸蓄电池。除此之外，二维材料还有可调谐的电子能带、光子和电子的强相互作用、高载流子迁移率及在宽光谱范围下的光学响应，这对于高性能发光器件来说很有前景[18]。在纳米尺度下的一些合金材料，例如 InGaN，type-Ⅲ能带对齐方式形成的能量深量子阱可增强其发光强度和效率[19]。在光催化领域，二维过渡金属硫化物凭借其高原子暴露比和界面载流子的定向高迁移率可以大大提升光催化效果[20]。

1.2　GaN 材料

1.2.1　GaN 材料的性质

作为具有宽直接带隙（3.4 eV）[21-25]、高击穿电场和高载流子迁移率[26]的第三代半导体，GaN 已成为光电器件主要的制备材料，例如高效发光二极管（LED）、激光二极管（LD）和太阳能电池（SC）[27-29]。GaN 作为第三代半导体的领头材料，其电学性质也十分优异。本征 GaN 表现出 n 型半导体特性，电子浓度大约为 $4 \times 10^{16} / cm^3$。此外，用 Si、Mg 或者 C 掺杂本征 GaN 可得到 n 型或 p型半导体，可根据不同的用途对 GaN 进行有目的的修饰。

目前 GaN 在自然界中主要以金刚石结构（纤锌矿）、闪锌矿和岩盐矿结构存在，如图 1-1 所示。其中纤锌矿结构是 GaN 最稳定的结构，而闪锌矿结构属于它的亚稳态构型，岩盐矿结构是 GaN 的高温相构型且只能在 55.3 GPa 的压力下才能存在，随着压力降低岩盐矿结构将转化为纤锌矿结构[30]。纤锌矿 GaN 的晶格是六方最密堆积晶格，Ga—N 共价键中离子键的成分较大，因而 GaN 材料具备很强的稳定性。

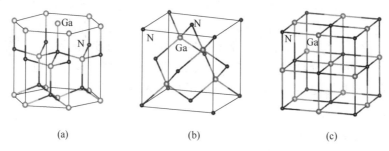

（a）　　　　　　　　　　（b）　　　　　　　　　　（c）

图 1-1　GaN 在自然界中存在的 3 种晶体结构图[30]

（a）纤锌矿结构；（b）闪锌矿结构；（c）岩盐矿结构

1.2.2　二维 GaN 材料的研究背景

二维 GaN 的研究起源于 Durgun 等人，他们通过对类石墨烯蜂窝状结构的GaN 进行声子色散关系计算，验证了材料内部原子以该种排列方式振动的类型是存在的[31]。他们得到的 GaN 与石墨烯的结构类似，GaN 的俯视结构是 Ga 原子与 N 原子交替形成平面六元环的无限延展结构。

2016 年美国宾夕法尼亚州立大学 Joan Redwing 教授在 Nature Materials 上发表利用外延石墨烯，通过迁移增强的封装生长法首次成功合成了二维 GaN，该研究发现 GaN 以二维屈曲形式存在，并且是一种超宽带隙材料，这使其具备更高的增压性能[32]。2018 年，我国武汉大学 Chen 等人在 Journal of the American Chemical Society 上发表通过表面限制氮化反应在液态金属上生长微米级横向尺寸二维 GaN 单晶的方法，这篇报道证明二维 GaN 具备均匀的晶格[33]。此后，中科院金属所刘宝丹研究员在 Nano Letters 上发表成果：采用模板转化法成功制备了脱离衬底的二维 GaN 纳米片，并且发现二维 GaN 纳米片在近紫外范围内有很强的光吸收[34]。基于模板转化法，我们提出了一种优化的两步法，用于合成 2D GaN 纳米片。合成出的二维 GaN 纳米片具有高纯度，良好的形貌、结晶度和发射特性，这种优化两步法是一种用于二维 GaN 纳米片生长的高产率和低成本的方法。

虽然实验制备的结果无疑证明了二维 GaN 保留了体材料的屈曲构型，但少层屈曲结构却不易进行表面改性和修饰[35-36]。Jiang 等人基于玻耳兹曼输运方程研究了同位素纯纤锌矿 GaN 和相应二维单层晶体的热导率，这项研究为开发基于 GaN 的电子和光子器件提供了重要指导[37]。此外，A. Onen 等人系统地研究了平面单层、双层和多层 GaN 的不同构型、电子性质和声子色散特性，详细地分析了不同层数和构型下平面 GaN 的性质差异，并且在这项研究中他们还提出了平面类石墨烯 GaN 可被实验制备的设想[38]。随后，西安电子科技大学刘红侠课题组研究发现过渡金属掺杂可修饰二维 GaN 的磁性，说明二维 GaN 可用于自旋电子元件[39-40]。最近，西安理工大学崔真等人研究发现碱金属或过渡金属吸附可以大幅降低二维 GaN 的功函数[41-42]，这为二维 GaN 在场发射方面的应用奠定了理论基础。Du 等人验证了在少层情况下施加电场和原子表面修饰对整体电子性质的影响，以及探究了 H 原子、F 原子钝化的相应稳定性[43]，这项研究证明了少层 GaN 也可稳定存在。

1.2.3 不同构型的二维 GaN

一些二维材料层与层之间原子的距离较远，导致层间结合效果远不如平面结合，在外力的作用下很容易破坏其层间范德华作用变为单层材料[44]。这种层间以范德华力结合的二维材料包括多层石墨烯[45]、黑磷[46]、WS_2[47]、MoS_2[48]、$MoSe_2$[49]、$GaTe$[50]、Bi_2Se_3[51]、$TaSe_2$[52] 和 $MoSi_2N_4$[53] 等。对于二维 GaN 来说，要以范德华力堆叠则必须要破坏垂直 Ga—N 键拉开两层间的距离，并且是以 Ga—N—Ga 的顺序垂直堆叠所得的多层平面 GaN 的结构最为稳定。以范德华力堆叠构成的多层 GaN 几乎隔绝了层间的相互联系，尽可能保持了每一层的独立性，因而范德华多层 GaN 的一些特性会根据具体层数的变化而发生变化[54]。根据之前的研究，碳化硅（SiC）的碳面上生长的少层石墨烯的电学特性强烈依赖于层数，结构的载流子密度在薄石墨烯和厚石墨烯中不同[55]。所以，可以用层数变化来揭示在纳米尺度下多层平面 GaN 的光学和电子特性的变化趋势，但是必须指出，垂直方向拥有极性的类石墨烯层状结构在层数≤3 时才可以稳定存在，这是因为只有在少层情况下，层内横向较强的电荷转移可以抵消表面孤对电子产生的表面活性能增强，使得整体结构稳定[56]。

但是对于硅（Si）和 GaN 这类层间以共价键结合的六方密堆积晶格来言，虽然增加层间距可以在少层堆叠情况下获得类石墨烯层状结构[57-60]，但这在实际操作中却不易实现。以纤锌矿型存在的 GaN 的层间键是一种介于共价键和离子键之间的一种化学键，在化学键断裂的同时原子表面会出现孤电子对。孤电子对的存在会大大增加体系表面的活化能进而使得体系不能稳定地存在[61-62]。近几年有学者提出，用羟基或氢原子在 SiC 表面活性位点钝化可以显著提高结构的稳定性，并且钝化还增强了 SiC 光学性质的稳定性[63]。此外，对于作为一种六方密堆积晶格的 GaN 晶体来说，不可以像划分石墨烯等层状晶体一样，即仅仅简单地用一个原子层平面来划分层数。例如纤锌矿 GaN，一个 Ga 原子的六方密堆积晶格与 N 原子的六方密堆积晶格沿 Ga—N 的垂直 sp^3 杂化键方向错位嵌套而成的一个六边形原子层就是一个屈曲结构 GaN 单原子层[64-65]。这样做将会使得隔离的单层表面出现大量的孤对电子进而赋予这个结构特殊的电子、光学、催化和磁性能。此外，这些原子表面的孤对电子还为吸附、钝化等化学修饰提供了大量的活性位点，表面修饰后不仅增强了少层结构的稳定性，也进一步增加了通过表面工程调整表面特性的可能性。

1.3　二维 GaN 材料的制备方法

近几年，理论研究工作取得进展的同时，也反过来给实验制备工作提供了借鉴。在过去的十年里，垂直生长的一维 GaN 纳米线的制备表征和性能测试工作已十分完备，在纳米电子学和光电探测领域均取得长足进展[66-68]。尽管对一维和三维的 GaN 材料的制备与表征已经进行了广泛的研究，目前却仍然缺乏对 GaN 二维纳米片及其制备的研究。根据文献研究显示，比较成熟的二维 GaN 材料制备方案为选取同类晶格作为模板或者易于附着的衬底进行外延生长，我们选择目前主流且制备形貌晶体学性质较好的方法如下。

1.3.1　化学气相沉积法

作为一种层间以共价键结合的材料，二维 GaN 不能通过传统的机械、液相等剥离方法得到，必须通过外延生长或者类似晶体结构之间的相互转换来制备。目前外延生长工艺简单且制备样品效果好的方法首先就是化学气相沉积法，该方法是利用气态或蒸汽态物质与衬底上的原材料进行化学反应并最终固态沉积在衬底表面的制备工艺[69]。这种方法最常见的使用方式是在某个沉底上生成新的外延单晶层，它的特点是可以通过化学反应制备出外延化合物半导体层。

化学气相沉积中最重要的一步便是在基材表面上发生化学反应形成固态物质沉积，这一部分将决定外延晶体的质量好坏。于是，在提高外延样品晶体学质量方面，有两个重要的分支。第一，使用与外延晶体结构类似、晶格常数失配度小同时缺陷密度较低的衬底材料，代表材料有蓝宝石、SiC 及 ZnO 材料等。有趣的是，一些研究者提出在易于外延生长的 Si 材料上旋涂石墨烯层作为 GaN 晶体的生长模板，这样既易于外延生长又可以得到较高的晶体质量。第二，使用易于附着的衬底材料，代表衬底为金属衬底，例如钨（W）衬底。首先利用金属元素与 Ga 之间良好的附着性可以简单地在 W 表面形成薄 Ga 原子层，其次在高温状态下深层 W 和 Ga 可以形成 W—Ga 的熔融物质，阻断反应的进一步发生，保证在表层生成薄薄一层的 GaN。

1.3.2 模板转换生长法

模板转换生长法最早是生长一维纳米材料的模板限制生长法，这种方法相比于其他制备方法有非常强的优越性。模板作为一种框架，在框架下可以通过原子的替换而更容易地制得目标纳米材料。与传统生长 GaN 的方法不同，模板转换生长法不使用衬底，只通过较少晶面失配或相近晶体结构的反应前驱体，在特定条件下将前驱体完全转化为二维 GaN 材料。这种方法目前尚未成熟，在制备二维 GaN 纳米片方面，已知最适合这种制备方法的前驱体物质为二维亚稳态 γ-Ga_2O_3。模板转换生长法制备二维 GaN 的流程图如图 1-2 所示，即先通过水热反应制备出晶体质量高且不具备高温稳定性的 γ-Ga_2O_3，再经过化学气相沉积在基体表面上发生置换反应保留其原有框架，将框架内的原有物质以气相副产物脱离基体表面。

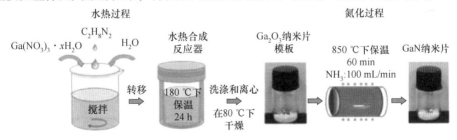

图 1-2 模板转换生长法制备二维 GaN 的实验流程[33]

参 考 文 献

[1] 沈湘，王丽，魏钟鸣，等. 二维材料研究领域发展态势分析——基于美国国家科学基金会项目资助数据的研究 [J]. 科学观察，2021，16 (6)：1-15.

[2] NOVOSELOV K S, GEIM A K, MOROZOV S V, et al. Two-dimensional gas of massless dirac fermions in graphene [J]. Nature, 2005, 438 (7065)：197-200.

[3] LIKODIMOS V. Advanced photocatalytic materials [J]. Materials, 2020, 13 (4)：821.

[4] RASAMANI K D, ALIMOHAMMADI F, SUN Y G. Interlayer-expanded MoS$_2$ [J]. Materials Today, 2017, 20 (2)：83-91.

[5] LIU Z C, XIAO D B, HUANG H Y, et al. Carve designs of MoS$_2$ nanostructures by controlling 3D MoS$_2$ Nanomasks [J]. Inorganic Chemistry Frontiers, 2018, 10 (5)：2598-2604.

[6] LI Z Y, ZHOU D A, JIAO X K. Highly selective adsorption on monolayer MoS$_2$ doped with Pt, Ag, Au and Pd and effect of strain engineering：A DFT study [J]. Sensors and Actuators A：Physical, 2021, 322 (1)：112637.

[7] ABDI M, ASTINCHAP B, KHOEINI F. Electronic and thermodynamic properties of zigzag MoS$_2$/MoSe$_2$ and MoS$_2$/WSe$_2$ hybrid nanoribbons：Impacts of electric and exchange fields [J]. Results in Physics, 2022, 34：105253.

[8] 薛鸿垚，孟阿兰，陈春俊，等. 具有硫空位的磷掺杂二硫化钼用于增强电化学水分解 [J]. Science China (Materials), 2022, 65 (3)：712-720.

[9] 刘东奇，惠王伟，鄢小卿，等. 单层二硫化钨的荧光特性研究 [J]. 光电子·激光，2021，32 (12)：1323-1328.

[10] ZHELIUK O, LU J M, YANG J, et al. Monolayer superconductivity in WS$_2$ [J]. Physica Status Solidi-Rapid Research Letters, 2017, 9 (11)：1700245.

[11] XU W S, KOZAWA D C, ZHOU Y Q, et al. Controlling photoluminescence enhancement and energy transfer in WS$_2$：hBN：WS$_2$ vertical stacks by precise interlayer distances [J]. Small, 2020, 3 (16)：1905985.

[12] 徐龙道. 物理学词典 [M]. 北京：科学出版社，2007.

[13] 白春礼. 纳米科技现在与未来 [M]. 成都：四川教育出版社，2001.

[14] CAO Y, FATEMI V, FANG S, et al. Unconventional superconductivity in magic-angle graphene superlattices [J]. Nature, 2018, 7699 (556)：43.

[15] CAO Y, PARK J M, WATANABE K, et al. Pauli-limit violation and re-entrant superconductivity in moiré graphene [J]. Nature, 2021, 595：526-531.

[16] RAO C N R, SOOD A K, SUBRAHMANYAM K S, et al. Graphene：the new two-dimensional nanomaterial [J]. Angewandte Chemie International Edition, 2010, 48 (42)：7752.

[17] XU M, LIANG T, SHI M, et al. Graphene-like two-dimensional materials [J]. Chemical Reviews, 2013, 113 (5)：3766.

[18] SU L M, FAN X, YIN T, et al. Inorganic 2D luminescent materials：structure, luminescence modulation, and applications [J]. Advanced Optical Materials, 2020, 8 (1)：1900978.

[19] CHENG L W, LIN X Y, LI Z W, et al. Performance enhancement of InGaN light-emitting

diodes with InGaN/GaN/InGaN triangular barriers [J]. ECS Journal of Solid State Science and Technology, 2021, 8 (10): 6004.

[20] BÜCH H, ROSSI A, FORTI S, et al. Superlubricity of epitaxial monolayer WS$_2$ on graphene [J]. Nano Research, 2018, 11: 5946-5956.

[21] SIMON J, ZHANG Z, GOODMAN K, et al. Polarization-induced zener tunnel junctions in wide-band-gap heterostructures [J]. Physical Review Letters, 2009, 103 (2): 6801.

[22] KAKO S, SANTORI C, HOSHINO K, et al. A gallium nitride single-photon source operating at 200 K [J]. Nature Materials, 2006, 5: 887-892.

[23] MIAO M S, YAN Q, VAN DE WALLE C G, et al. Polarization-driven topological insulator transition in a GaN/InN/GaN quantum well [J]. Physical Review Letters, 2012, 109 (18): 6803.

[24] PONCE F A, BOUR D P. Nitride-based semiconductors for blue and green light-emitting devices [J]. Nature, 1997, 386: 351-359.

[25] RAZEGHI M, ROGALSKI A. Semiconductor ultraviolet detectors [J]. Journal of Applied Physics, 1996, 10 (79): 7433-7473.

[26] TONG L J, HE J J, YANG M, et al. Anisotropic carrier mobility in buckled two-dimensional GaN [J]. Physical Chemistry Chemical Physics, 2017, 34 (19): 23492-23496.

[27] MATSUBARA H, YOSHIMOTO S, SAITO H, et al. GaN photonic-crystal surface-emitting laser at blue-violet wavelengths [J]. Science, 2008, 5862 (319): 445-447.

[28] KHAN A, BALAKRISHNAN K, KATONA T. Ultraviolet light-emitting diodes based on group three nitrides [J]. Nature Photonics, 2008, 2: 77-84.

[29] HASHIMOTO T, WU F, SPECK J S. A GaN bulk crystal with improved structural quality grown by the Ammon thermal method [J]. Nature Materials, 2007, 6: 568-571.

[30] 崔真. GaN 纳米线场发射性能增强研究 [D]. 西安: 西安理工大学, 2015.

[31] DURGUN E, TONGAY S, CIRACI S. Silicon and Ⅲ-Ⅴ compound nanotubes: Structural and electronic properties [J]. Physical Review B, 2005, 72 (7): 075420.

[32] BALUSHI Z Y A, WANG K, GHOSH R K, et al. Two-dimensional gallium nitride realized via graphene encapsulation [J]. Nature Materials, 2016, 15: 1166-1171.

[33] CHEN Y X, LIU K L, LIU J X, et al. Growth of 2D GaN single crystals on liquid metals [J]. Journal of the American Chemical Society, 2018, 180 (48): 16392-16395.

[34] LIU B D, YANG W J, LI J, et al. Template approach to crystalline GaN nanosheets [J]. Nano Letters, 2017, 17 (5): 3195-3201.

[35] CUI Z, WANG X, DING Y C, et al. Adsorption of CO, NH$_3$, NO, and NO$_2$ on pristine and defective g-GaN: improved gas sensing and functionalization [J]. Applied Surface Science, 2020, 530 (15): 147275.

[36] KUSHVAHA S S, RAMESH C, TYAGI P, et al. Quantum confinement effect in low temperature grown homo-epitaxial GaN nanowall network by laser assisted molecular beam epitaxy [J]. Journal of Alloys and Compounds, 2017, 703 (5): 466-476.

[37] JIANG Y Q, CAI S, TAO Y, et al. Phonon transport properties of bulk and monolayer GaN from

first-principles calculations [J]. Computational Materials Science, 2017 (138): 419-425.

[38] ONEN A, KECIK D, DURGUN E, et al. GaN: From three- to two-dimensional single-layer crystal and its multilayer van der Waals solids [J]. Physical Review B, 2016, 93 (8): 085431.

[39] LI J B, LIU H X. Theoretical research of diluted magnetic semiconductors: GaN monolayer doped with transition metal atoms [J]. Superlattices and Microstructures, 2018, 120: 382-388.

[40] LI J B, LIU H X. Magnetism investigation of GaN monolayer doped with group Ⅷ B transition metals [J]. Journal of Materials Science, 2018, 53: 15986-15994.

[41] CUI Z, WANG X, LI E L, et al. Alkali-metal-adsorbed g-GaN monolayer: ultralow work functions and optical properties [J]. Nanoscale Resches Letters, 2018, 13 (1): 207.

[42] CUI Z, BAI K F, WANG X, et al. Electronic, magnetism, and optical properties of transition metals adsorbed g-GaN [J]. Physica E: Low-dimensional Systems and Nanostructures, 2020, 118: 113871.

[43] DU K, XIONG Z H, AO L, et al. Tuning the electronic and optical properties of two-dimensional gallium nitride by chemical functionalization [J]. Vacuum, 2021, 185: 110008.

[44] ZHOU J Y, LIN Z Y, REN H Y, et al. Layered intercalation materials [J]. Advanced Materials, 2021, 25 (33): 2004557.

[45] WAGNER G, NGUYEN D X, SIMON S H. Transport properties of multilayer graphene [J]. Physical Review B, 2020, 101 (24): 245438.

[46] HAN R Y, FENG S, SUN D M, et al. Properties and photodetector applications of two-dimensional black arsenic phosphorus and black phosphorus [J]. Science China Information Sciences, 2021, 64 (4): 14.

[47] XU S S, GAO X M, SUN J Y, et al. Comparative study of moisture corrosion to WS_2 and $WS_2/$ Cu multilayer films [J]. Surface and Coatings Technology, 2014, 247 (25): 30-38.

[48] HIRAKATA H, FUKUDA Y, SHIMADA T, et al. Flexoelectric properties of multilayer two-dimensional material MoS_2 [J]. Journal of Physics D: Applied Physics, 2022, 12 (55): 125302.

[49] BORODIN B R, BENIMETSKIY F A, DAVYDOV V Y, et al. Photoluminescence enhancement in multilayered $MoSe_2$ nanostructures obtained by local anodic oxidation [J]. 2D Materials, 2022, 9 (1): 5010.

[50] HO C H, CHIOU M C, HERNINDA T M. Nanowire grid polarization and polarized excitonic emission observed in multilayer GaTe [J]. The Journal of Physical Chemistry Letters, 2020, 11 (3): 608-617.

[51] HAMADA J, TAKASHIRI M. Structural changes in nanocrystalline Bi_2Te_3/Bi_2Se_3 multilayer thin films caused by thermal annealing [J]. Journal of Crystal Growth, 2017, 468 (15): 188-193.

[52] TSAI H S, LIU F W, LIOU J W, et al. Direct synthesis of large-scale multilayer $TaSe_2$ on $SiO_2/$ Si using ion beam technology [J]. ACS Omega, 2019, 4 (17): 17536-17541.

[53] JIAN C C, MA X C, ZHANG J Q, et al. Strained $MoSi_2N_4$ monolayers with excellent solar

energy absorption and carrier transport properties [J]. The Journal of Physical Chemistry C, 2021, 125 (28): 15185-15193.

[54] PIZZI G, MILANA S, FERRARI A C, et al. Shear and breathing modes of layered materials [J]. ACS Nano, 2021, 15 (8): 12509-12534.

[55] BEHERA H, MUKHOPADHYAY G. Effect of strain on the structural and electronic properties of graphene-like GaN: A DFT study [J]. International Journal of Modern Physics B, 2019, 24 (33): 1950281.

[56] JIA Y H, GONG P, LI S L, et al. Effects of hydroxyl groups and hydrogen passivation on the structure, electrical and optical properties of silicon carbide nanowires [J]. Physics Letters A, 2020, 384 (4): 126106.

[57] CHAE S, LE T H, PARK C S, et al. Anomalous restoration of sp^2 hybridization in graphene functionalization [J]. Nanoscale, 2020, 12 (25): 13351-13359.

[58] FTHENAKIS Z G, KALOSAKAS G, CHATZIDAKIS G D, et al. Atomistic potential for graphene and other sp^2 carbon systems [J]. Physical Chemistry Chemical Physics, 2017, 45 (19): 30925-30932.

[59] ZHANG G H, YUAN J M, MAO Y L, et al. Two-dimensional Janus material $MoS_{2(1-x)}Se_{2x}$ ($0 < x < 1$) for photovoltaic applications: A machine learning and density functional study [J]. Computational Materials Science, 2021, 186: 109998.

[60] CUI Z, LYU N, DING Y C, et al. Noncovalently functionalization of Janus MoSSe monolayer with organic molecules [J]. Physica E: Low-dimensional Systems and Nanostructures, 2021, 127: 114503.

[61] SUN Z, SONG P F, NITTA S, et al. A-plane GaN growth on (11-20) 4H-SiC substrate with an ultrathin interlayer [J]. Journal of Crystal Growth, 2017, 468 (15): 866-869.

[62] TAKALE B S, THAKORE R R, ELHAM E D, et al. Recent advances in Cu-catalyzed C (sp^3) -Si and C (sp^3) -B bond formation [J]. Beilstein Journal of Organic Chemistry, 2020, 16: 691-737.

[63] JIA Y H, GONG P, LI S L, et al. Effects of hydroxyl groups and hydrogen passivation on the structure, electrical and optical properties of silicon carbide nanowires [J]. Physics Letters A, 2020, 384 (4): 126106.

[64] LU A K A, YAYAMA T, MORISHITA T, et al. Uncovering new buckled structures of bilayer GaN: A first-principles study [J]. The Journal of Physical Chemistry C, 2019, 123 (3): 1939-1947.

[65] QIN H B, KUANG T F, LUAN X H, et al. Influence of pressure on the mechanical and electronic properties of wurtzite and zinc-blende GaN crystals [J]. Crystals, 2018, 8 (11): 428.

[66] MALIAKKAL C B, HATUI N, BAPAT R D, et al. The mechanism of Ni-assisted GaN nanowire growth [J]. Nano Letters, 2016, 16 (12): 7632-7638.

[67] LIU L, LU F F, TIAN J, et al. Comparative study on electronic properties of GaN nanowires by external electric field [J]. Materials Science in Semiconductor Processing, 2021, 134

（1）：106015.

［68］XIAO P S, LIU L, GAO P, et al. Theoretical study on electronic properties of p-type GaN nanowire surface covered with Cs ［J］. Optical and Quantum Electronics, 2018, 50 （2）：86.

［69］郑艳鹏 . 二维 GaN 基材料表面修饰及 GaN 纳米片制备研究 ［D］. 西安：西安理工大学, 2021.

2　理论计算基础

经典物理没办法给出合适的理论框架去解释低维纳米尺度下的粒子状态与运动问题。如何正确地描述微观世界里的粒子运动及状态，这一问题随着近代量子力学的兴起才被慢慢解决。自从 1923 年德布罗意提出物质波的概念开始，以及后来薛定谔（Schrödinger）提出描述物质波的波动方程，科学家们才找到描述微观体系中粒子的运动及状态的正确描述方式——薛定谔方程。只要求解出薛定谔方程即可正确描述微观粒子的相关性质。科学家们将这套理论运用在氢原子上并成功求得其核外能级分布。但是，随着研究体系变得复杂，科学家们迫切地希望寻找到一套理论框架去准确快速描述复杂的多原子体系。

2.1　第一性原理

第一性原理（或从头算）模拟是在原子级尺度上进行研究的最重要的理论方法之一。第一性原理利用的玻恩-奥本海默（Born-Oppenheimer）和单行列式近似及密度泛函理论（DFT）中的 Hartree-Fock 方法，再加上经验势方法和紧束缚模型可以有效地将复杂的多粒子体系转化为单粒子体系进行计算，在减少计算步骤的情况下提高了计算的精度[1-2]。

2.1.1　多粒子体系的 Schrödinger 方程

回到最初的问题，要解决固体材料系统的电子能级，首先应该确定多粒子体系下的 Schrödinger 方程。列出氢原子体系的 Schrödinger 方程如下：

$$\left[-\frac{\hbar}{2m}\nabla^2 + U(\boldsymbol{r}) \right] \Psi(\boldsymbol{r},t) = i\hbar\frac{\partial}{\partial t}\Psi(\boldsymbol{r},t) \tag{2-1}$$

在氢原子模型中，因为它的原子核外只有一个电子因此不需要考虑多电子之间的相互作用势。但是一般化合物的原子核外并非只存在一个电子，因此要想用 Schrödinger 方程正确诠释复杂的多粒子体系，就必须考虑所求体系里众多电子之间、原子核之间及电子和原子核之间的相互作用势。假设体系内存在 n 个粒子，那么体系的能量可以表示为：

$$\varepsilon = \sum_{i=1}^{n}\frac{p_i^2}{2m_i} + U(\boldsymbol{r}_1,\cdots,\boldsymbol{r}_n) \tag{2-2}$$

式中 $\displaystyle\sum_{i=1}^{n}\frac{p_i^2}{2m_i}$ ——整个体系的 n 个粒子动能的叠加和;

$U(\boldsymbol{r}_1,\cdots,\boldsymbol{r}_n)$ ——整个多粒子体系的势能的矢量叠加和。

将式 (2-1) 中动能势能两部分合并为能量项,称为体系的哈密顿量 $\hat{H}$,再将其代回氢原子模型的 Schrödinger 方程,就得到了多粒子体系的 Schrödinger 方程:

$$\hat{H}\Psi(\boldsymbol{r},\boldsymbol{R}) = \varepsilon\Psi(\boldsymbol{r},\boldsymbol{R}) \tag{2-3}$$

最终,通过对式 (2-3) 不含时的多粒子体系的 Schrödinger 方程求解,即可得到材料的基本电子属性和波函数的相关信息。

2.1.2 Born-Oppenheimer 近似

但是,在解决多粒子问题时仍要求解 Schrödinger 方程或者其他偏微分方程获得体系的波函数。这个过程将随着体系的不断扩大而变得越来越困难。因此,在实际计算中对体系进行合理的简化近似来减少工作量就变得十分重要。物理学家 Oppenheimer 和他的导师 Born 认为在实际的情况下,电子的移动速度会比原子核快很多,这样就使得原子核的运动远远跟不上电子的运动,所以在研究电子的状态和能量时一般认为原子核产生的势场是无限缓变的。由此,可以将原本求解整个体系的波函数的复杂过程分成分别求解电子波函数和求解原子核波函数这两个相对容易得到的过程[3]。

以上便是 Born-Oppenheimer 近似(绝热近似)的大体理论概述,整个多粒子体系的哈密顿量可以表示如下:

$$\hat{H} = \hat{T}_e(\boldsymbol{r}) + \hat{V}_{e\text{-}e'}(\boldsymbol{r}) + \hat{T}_N(\boldsymbol{R}) + \hat{V}_{N\text{-}N'}(\boldsymbol{R}) + \hat{V}_{e\text{-}N}(\boldsymbol{r},\boldsymbol{R}) \tag{2-4}$$

等式右边的项分别表示体系内所有电子的总动能叠加和、所有电子间相互作用的总势能叠加和、所有原子核的总动能叠加和、所有原子核间的相互作用的总势能叠加和及体系内所有电子和原子间的相互作用的总势能叠加和。

在绝热近似下,多粒子体系的波函数可以改写为:

$$\Psi_n(\boldsymbol{r},\boldsymbol{R}) = \sum_n \chi_n(\boldsymbol{R})\Phi_n(\boldsymbol{r},\boldsymbol{R}) \tag{2-5}$$

其中,$\displaystyle\sum_n \chi_n(\boldsymbol{R})\Phi_n(\boldsymbol{r},\boldsymbol{R})$ 描述了体系中全部的原子核和核外电子的波函数。

根据绝热近似,多粒子体系中全部原子核的总动能为 0,将哈密顿量代入多粒子的 Schrödinger 方程可得:

$$[\hat{T}_e(\boldsymbol{r}) + \hat{V}_{e\text{-}e'}(\boldsymbol{r}) + \hat{V}_{e\text{-}N}(\boldsymbol{r},\boldsymbol{R})]\Phi_n(\boldsymbol{r},\boldsymbol{R}) = E_n(\boldsymbol{R})\Phi_n(\boldsymbol{r},\boldsymbol{R}) \tag{2-6}$$

$$[\hat{T}_N(\boldsymbol{r}) + E_n(\boldsymbol{R})]\chi(\boldsymbol{R}) = \varepsilon\chi(\boldsymbol{R}) \tag{2-7}$$

其中,式 (2-6) 是描述体系内所有电子运动的波动方程,$E_n(\boldsymbol{R})$ 是原子核坐标固定时核外电子的能量。式 (2-7) 是描述核运动的波动方程,电子的能量成为核运动的势能，ε 为系统的总能量。至此，经过 Born-Oppenheimer 近似，进一步将复杂的多粒子体系转化为分别求解电子的波动方程和求解原子核波动方程两个相对简单得多的过程，大大提高了计算效率。

2.1.3 Hartree-Fock 方法

虽然通过 Born-Oppenheimer 近似将复杂的多粒子体系进一步简化为两个过程，但是在实际求解多电子波函数的过程中仍需要一种科学的方法来处理复杂的波函数。于是引入 Hartree-Fock 方法用来求解多粒子体系下的电子波函数。

根据式（2-6）写出体系内电子的哈密顿量：

$$\hat{H} = \sum_i \hat{H}_i + \sum_{i,i'} \hat{H}_{i,i'} \tag{2-8}$$

其中

$$\sum_i \hat{H}_i = -\sum_i \frac{\hbar^2}{2m} \nabla^2_{r_i} + \sum_i V(r_i) \tag{2-9}$$

$$\sum_{i,i'} \hat{H}_{i,i'} = \frac{1}{2} \sum_{i,i'} \frac{1}{|r_i - r_{i'}|} \tag{2-10}$$

由式（2-9）和式（2-10）可以看出，体系的总哈密顿量不但包含电子的动能项和势能项，还包括了电子间的相互作用能。Hartree 认为，在不考虑反演对称性的情况下，体系中的总波函数可以看成是由单个粒子的波函数叠加而来。于是，多粒子的波函数可以表示为：

$$\Phi(r) = \varphi_1(r_1)\varphi_2(r_2)\cdots\varphi_i(r_i) \tag{2-11}$$

式（2-11）称为 Hartree 波函数，然后将式（2-11）代入式（2-6），再分离变量就得到了简化后多电子波函数的单电子方程[4]。虽然式（2-11）考虑到了每个粒子的量子态不同，满足了泡利不相容原理，但是却忽略了化合物内部大量存在的电子是一种费米子，应当遵循费米-狄拉克统计，故而式（2-11）没有体现出反交换对称性。Fock 在此基础上使用 Slater 行列式来实现波函数的交换反对称性，即：

$$\Phi = \frac{1}{\sqrt{N!}} \begin{vmatrix} \varphi_1(r_1,s_1) & \varphi_2(r_1,s_1) & \cdots & \varphi_N(r_1,s_1) \\ \varphi_1(r_2,s_2) & \varphi_2(r_2,s_2) & \cdots & \varphi_N(r_2,s_2) \\ \vdots & \vdots & \ddots & \vdots \\ \varphi_1(r_N,s_N) & \varphi_2(r_N,s_N) & \cdots & \varphi_N(r_N,s_N) \end{vmatrix} \tag{2-12}$$

从式（2-12）可以看出，任意交换两个粒子的波函数相当于交换了行列式的两行，行列式相差一个符号，所以此举满足了波函数的交换反对称性。故将式（2-12）代入式（2-6）做变分计算，即可得到一组 Hartree-Fock 方程：

$$\left[-\frac{\hbar^2}{2m} \nabla^2 + V(\boldsymbol{r}) \right] \varphi_i(\boldsymbol{r}) + \sum_{j(\neq i)} \int \mathrm{d}\boldsymbol{r}' \frac{|\varphi_j(\boldsymbol{r}')|^2}{|\boldsymbol{r} - \boldsymbol{r}'|} \varphi_i(\boldsymbol{r}) +$$

$$\sum_{j(\neq i)} \int \mathrm{d}\boldsymbol{r}' \frac{\varphi_j^*(\boldsymbol{r}')\varphi_i(\boldsymbol{r}')}{|\boldsymbol{r} - \boldsymbol{r}'|} \varphi_j(\boldsymbol{r}) = E_i \varphi_i(\boldsymbol{r}) \tag{2-13}$$

在 Hartree-Fock 近似下，简化了多粒子问题下的 Schrödinger 方程的求解。但是在实际求解时，等效势场中电子的势能变化问题却没有阐释清楚。

2.2 密度泛函理论

随着引入多粒子复杂体系开始，从最初的 Born-Oppenheimer 近似简化了电子和原子核间相对运动问题，Hartree-Fock 方程则进一步简化了多电子间的相对势的问题，通过引入一个势场来代替了体系内的众多的势场。那么，如何准确地对引入的势场进行描述呢？密度泛函理论的提出使得电子状态不单单只使用波函数来描述，而是引入电子密度函数作为描述电子状态的基元。具体地来说，在一个含有 N 个电子的体系内，要准确描述它们的波函数的变量多达 $3N$ 个，而使用电子密度进行描述则只有 3 个变量，这一理论的提出彻底的、科学有效的将求解过程化繁为简。

2.2.1 Hohenberg-Kohn 定理和 Kohn-Sham 方程

Hohenberg 和 Kohn 对费米模型进行改进并提出了非均匀电子气理论[5]，即要想正确得到体系内电子的基态性质，首先应搞清楚体系内的电子密度分布，进而使用体系内电子的密度分布描述能量分布，这就是 Hohenberg-Kohn 定理[6]。

因为 Hohenberg-Kohn 定理依然无法消除电荷之间复杂的相互作用，因而就不可避免地存在着电子间相互作用项的动能泛函，因此为了解决这个问题，W. Kohn 和 L. J. Sham 二人在 Hohenberg-Kohn 定理的基础上提出假设，使用理想化的无相互作用的动能泛函来近似[7]，即：

$$\rho(\boldsymbol{r}) = \sum_{i=1}^{N} |\varphi_i(\boldsymbol{r})|^2 \tag{2-14}$$

理想化的动能泛函为：

$$T[\rho] = T_s[\rho] = \sum_{i=1}^{N} \int \mathrm{d}\boldsymbol{r}\varphi_i^*(\boldsymbol{r}) \left(-\frac{1}{2} \nabla^2 \right) \varphi_i(\boldsymbol{r}) \tag{2-15}$$

将能量泛函 $E[\rho]$ 对 $\varphi_i(\boldsymbol{r})$ 的变分，再使用 E_i 作为拉格朗日乘子得到：

$$\left\{ -\frac{1}{2} \nabla^2 + V_{KS}[\rho(\boldsymbol{r})] \right\} \varphi_i(\boldsymbol{r}) = E_i \varphi_i(\boldsymbol{r}) \tag{2-16}$$

其中，

$$V_{KS}[\rho(r)] = v(r) + V_{coul}[\rho(r)] + V_{xc}[\rho(r)]$$

$$= v(r) + \int dr' \frac{\rho(r')}{|r - r'|} + \frac{\partial E_{xc}[\rho(r)]}{\partial \rho(r)} \quad (2\text{-}17)$$

式（2-14）、式（2-16）和式（2-17）就是有名的 Kohn-Sham 方程。

2.2.2 广义梯度近似

因为广义梯度近似（GGA）很接近于非均匀电子气分布的半导体体系，扩大了密度泛函理论的适用范围。GGA 的交换关联势如下：

$$E_{xc}^{GGA}[\rho] = \int f_{xc}(\rho(r), |\nabla \rho(r)|) dr \quad (2\text{-}18)$$

广义梯度近似成功之处在于对非均匀电子气系统有准确的描述，但是相比于局域密度近似方法也提高了计算量。目前被广泛应用于研究计算的交换泛函为 Enzerhof（PBE）[8]、Beeke[9] 和 Perdew and Wang（PW91）[10] 等。

2.3 密度泛函微扰理论

晶格振动或者说晶格动力学是固体物理极为重要的一个部分。对于 GaN 这种发光半导体来说，要研究其发光特性，晶格振动是其中绕不开的一个话题。除此之外，还有一些性质如红外光谱特性、拉曼光谱特性和声子热传导等特性也与晶格振动相关。最初晶格振动的研究主要着眼于晶格振动理论的动力学矩阵的一般性质，但是关于动力学矩阵与相应的电子结构之间的联系则很少涉及。故而相关理论计算预测能力十分有限，主要依靠实验进行探究。直到密度泛函微扰理论（DFPT）的提出，科学家们才可以真正通过理论计算来研究晶格振动。

2.3.1 密度泛函微扰理论

根据绝热近似可得：

$$\frac{\partial^2 E(R)}{\partial R_i \partial R_j} = -\frac{\partial F_i}{\partial R_j} = \int \frac{\partial n_R(r)}{\partial R_i} \frac{\partial V_R(r)}{\partial R_j} dr + \int n_R(r) \frac{\partial^2 V_R(r)}{\partial R_i \partial R_j} dr + \frac{\partial^2 E_N(R)}{\partial R_i \partial R_j}$$

$$(2\text{-}19)$$

$$\det \left| \frac{1}{\sqrt{M_i M_j}} \frac{\partial^2 E(R)}{\partial R_i \partial R_j} - \omega^2 \right| = 0 \quad (2\text{-}20)$$

由式（2-20）得到的矩阵称为力常数矩阵，又叫 Hessian 矩阵。一个体系的晶格振动的相关物理参数都与该矩阵相关。在代入矩阵之前，最难求解的是式

(2-19) 中的 $\partial n_R(r)/(\partial R_i)$，这一项主要代表体系对于结构变化所引起的基态电荷密度的改变，此外，式 (2-19) 中的其余项均可得到。

为了简化符号，将式 (2-19) 中的偏微分因子改为 $\{\lambda_i\}$，依照 Hellman-Feynman 定理可以变为：

$$\frac{\partial E}{\partial \lambda_i} = \int \frac{\partial V_\lambda(r)}{\partial \lambda_i} n_\lambda(r)\,\mathrm{d}r \tag{2-21}$$

$$\frac{\partial^2 E(R)}{\partial \lambda_i \partial \lambda_j} = \int \frac{\partial^2 V_\lambda(r)}{\partial \lambda_i \partial \lambda_j} n_\lambda(r)\,\mathrm{d}r + \int \frac{\partial n_\lambda(r)}{\partial \lambda_i}\frac{\partial V_\lambda(r)}{\partial \lambda_j}\mathrm{d}r \tag{2-22}$$

线性密度泛函中的公式可以表示为：

$$\Delta n(r) = 4\mathrm{Re}\sum_{n=1}^{N/2} \psi^*(r)\Delta\psi_n(r) \tag{2-23}$$

所以，变分形式的 Kohn-Sham 方程可以表示为：

$$(H_{\mathrm{SCF}} - \varepsilon_n)|\Delta\psi_n\rangle = -(\Delta V_{\mathrm{SCF}} - \Delta\varepsilon_n)|\psi_n\rangle \tag{2-24}$$

式中 H_{SCF}——体系未受微扰时 Kohn-Sham 方程的哈密顿量。

$$H_{\mathrm{SCF}} = -\frac{\hbar^2}{2m}\frac{\partial^2}{\partial r^2} + V_{\mathrm{SCF}}(r) \tag{2-25}$$

$$\Delta V_{\mathrm{SCF}}(r) = \Delta V(r) + e^2\int \frac{\Delta n(r')}{|r-r'|}\mathrm{d}r' + \frac{\mathrm{d}v_{\mathrm{xc}}(n)}{\mathrm{d}n}\bigg|_{n=n(r)}\Delta n(r) \tag{2-26}$$

$$\Delta\varepsilon_n = \langle\psi_n|\Delta V_{\mathrm{SCF}}|\psi_n\rangle \tag{2-27}$$

式 (2-23)~式 (2-27) 是一系列自洽的方程组，它们共同构成了 DFPT 的基本框架，但是具体计算不同的物理量还可能会用到不同的求解方式。比如，解决声子微扰问题（原子偏离平衡位置往复振动）的解决方式和解决引入电场后能量微扰的解决方式就不同。那么在确定了 DFPT 的基本框架后，就可以在具体的问题中进行具体分析了。

2.3.2 晶体中的振动态计算

在固体物理中，一般的晶体结构中第 i 个原子的位置表示如下：

$$R_i = R_l + \tau_s + u_s(l) \tag{2-28}$$

式中 R_l——布拉菲点阵中第 l 个单胞的位置；

τ_s——单胞中第 s 个原子处于平衡态的位置；

$u_s(l)$——该原子偏离平衡态的位移。

因为晶体中的平移对称性，体系的力常数矩阵一般只和等式右边的第三项有关：

$$C_{st}^{\alpha\beta}(l, m) = \frac{\partial^2 E}{\partial u_s^\alpha(l) \partial u_s^\beta(m)} = C_{st}^{\alpha\beta}(R_l - R_m) \tag{2-29}$$

$$\tilde{C}_{st}^{\alpha\beta}(q) = \sum_R e^{-\iota q R} C_{st}^{\alpha\beta}(R) = \frac{1}{N_c} \frac{\partial^2 E}{\partial u_s^{*\alpha}(q) \partial u_t^{*\beta}(q)} \tag{2-30}$$

式中的希腊字母上标表示直角坐标的分量，式（2-30）是对式（2-29）力常数矩阵的傅里叶变换。那么，2.3.1 节中的力常数矩阵可以表示为：

$$\det \left| \frac{1}{\sqrt{M_s M_t}} \tilde{C}_{st}^{\alpha\beta}(q) - \omega^2(q) \right| = 0 \tag{2-31}$$

因为在晶体结构中平移对称性的存在可以保证两种波矢的原子发生位移时，原子受力不会发生相互耦合，因此该矩阵容易求解。

2.3.3 伯恩有效电荷和 LO-TO 分裂

构成晶体的原子因为电荷在各个原子上的分布情况而产生两种类型的晶体，极性晶体和非极性晶体。非极性晶体大多是由中性原子构成，如金刚石、单晶硅等。在非极性晶体中光学振动模不产生电偶极矩[11]，所以在非极性晶体中不存在一阶红外吸收谱。与之相反的是，极性晶体间原子周围累积电荷不同，故在外场作用下会出现压电效应。所以，极性晶体中的光学模会随着外电场的作用而发生模式分裂[12]。

极性晶体系统的能量可以表示为：

$$E(\boldsymbol{u}, \boldsymbol{E}) = \frac{1}{2} M \omega_0^2 u^2 - \frac{\Omega}{8\pi} \varepsilon_\infty E^2 - e Z^* \boldsymbol{u} \cdot \boldsymbol{E} \tag{2-32}$$

$$\boldsymbol{D} = \frac{4\pi}{\Omega} e Z^* \boldsymbol{u} + \varepsilon_\infty \boldsymbol{E} \tag{2-33}$$

式中　　$\frac{1}{2} M \omega_0^2 u^2$——晶格振动的能量；

$\frac{\Omega}{8\pi} \varepsilon_\infty E^2$——宏观电场的能量；

$e Z^* \boldsymbol{u} \cdot \boldsymbol{E}$——声子和宏观电场的相互作用能量；

Z^*——伯恩有效电荷，是声子与宏观电场的耦合因子。

耦合因子可通过 DFPT 求得：

$$Z_{\kappa, \beta\alpha}^* = \Omega_0 \frac{\partial P_{\mathrm{mac}, \beta}}{\partial \tau_{\kappa\alpha}(q=0)} \tag{2-34}$$

2.3.4 拉曼光谱的计算

晶体中拉曼散射的产生主要是由于入射光子被晶体内部晶格振动散射造成

的。将入射光看成电磁场，在外电磁场作用下晶体中的原子被极化，极化强度如下：

$$P = \alpha E \tag{2-35}$$

式中 α ——极化张量。

对于占很大比重的原子核来说，原子核的振动频率太小不足以与光频共振，因此，晶体对可见光的散射作用仅由电子提供，故而 α 又叫电子极化率。

电子极化率被晶格振动调制会导致入射光在与电子作用时入射光子发生非弹性。因而为了方便计算，可以将电子极化率看作标量，原子处于平衡态位置的电子极化率若为 α_0，晶格振动所引起的电子极化率改变为 $\Delta\alpha$，则可以表示为：

$$\Delta\alpha = \Delta\alpha_0 \cos(\omega t - \boldsymbol{q}\boldsymbol{r}) \tag{2-36}$$

同时，假定入射光的电磁波表达式为：

$$E = E_0 \cos(\omega_1 t - \boldsymbol{k}_1 \boldsymbol{r}) \tag{2-37}$$

将式（2-35）和式（2-36）代入式（2-37）可得极化强度表达式：

$$P = \alpha_0 E_0 \cos(\omega_1 t - \boldsymbol{k}_1 \boldsymbol{r}) +$$
$$\frac{1}{2}\Delta\alpha_0 E_0 \{\cos[(\omega_1 + \omega)t - (\boldsymbol{q} + \boldsymbol{k}_1)\boldsymbol{r}] + (\omega_1 - \omega)t - (\boldsymbol{q} - \boldsymbol{k}_1)\boldsymbol{r}\}$$
$$\tag{2-38}$$

从式（2-38）可以看出存在两种散射，一是等式右边第一项对应的弹性散射，称为瑞利散射；二是等式右边第二项由晶体振动引起光子频率改变的非弹性散射，称为拉曼散射。有趣的是，通常把第二项中频率减少的散射称为斯托克斯散射，而频率增加的散射称为反斯托克斯散射。

需要注意的是，晶格振动与光波直接相互作用要满足两个条件，第一，两者必须有相同的频率和波矢，并且当晶格振动模为横模的时候它们才能彼此耦合。第二，只有能产生电偶极矩的长波长光学模才能与红外光波发生相互作用。这是因为在晶格振动模与光波的直接作用中，参与本质的就是晶格振动模形成的电偶极矩与光波的电磁场进行耦合作用并最终从光波中吸取能量。

至此，因为拉曼光谱中的散射峰位主要是振动模式形成的电偶极矩与光波产生能量交换的结果，可以直接由 DFPT 求得，所以剩下便是求解光谱中散射峰的强度。在 Placzek 近似下，非共振拉曼光谱的 Stokes 线中第 m 个拉曼振动模在极化方向为 i 的峰强为：

$$I_{mij} = \frac{2\pi\hbar(\omega_L - \omega_m)^4}{c^4\omega_m}[n(\omega_m) + 1](\alpha_{ij}^m)^2 \tag{2-39}$$

$$n(\omega_m) = \frac{1}{e^{\hbar\omega_m/k_B T} - 1} \tag{2-40}$$

式中 ω_L ——拉曼散射激发光的波数；

ω_m ——第 m 个拉曼振动模的频率；

$n(\omega_m) + 1$ ——玻色占据数；

T ——温度；

α_{ij}^m ——拉曼光导率。

拉曼光导率表示如下：

$$\alpha_{ij}^m = \sqrt{\Omega_0} \sum_{k,\beta} \frac{\partial \chi_{ij}^{(1)}}{\partial \tau_{k\beta}} u_m(k\beta) \tag{2-41}$$

式中　$\chi_{ij}^{(1)}$ ——电子的线性介电张量；

　　　Ω_0 ——散射光的角度；

　　　$\tau_{k\beta}$ ——第 k 个原子沿着 β 方向的位移。

在横光学模式的情况下，$\dfrac{\partial \chi_{ij}^{(1)}}{\partial \tau_{k\beta}}$ 求解公式如下：

$$\frac{\partial \chi_{ij}^{(1)}}{\partial \tau_{k\beta}}\bigg|_{\varepsilon=0} = -\frac{6}{\Omega_0} E^{\tau_{\kappa\lambda} \varepsilon_i \varepsilon_j} \tag{2-42}$$

式中　$E^{\tau_{\kappa\lambda} \varepsilon_i \varepsilon_j}$ ——计算混合的三阶导数，即分别对电场求两次导和对原子位移求一次导。

那么，对于纵光学声子的情况就必须考虑宏观电场的影响，由下式给出：

$$\frac{\partial \chi_{ij}^{(1)}}{\partial \tau_{k\beta}}\bigg| = \frac{\partial \chi_{ij}^{(1)}}{\partial \tau_{k\beta}}\bigg|_{\varepsilon=0} = -\frac{8\pi}{\Omega_0} \frac{\sum_\iota Z_{\kappa\lambda\iota}^* q_\iota}{\sum_{\iota,r} q_\iota \varepsilon_{\iota r} q_\iota} \sum_\iota \chi_{ij\iota}^{(2)} q_\iota \tag{2-43}$$

式中　$Z_{\kappa\lambda\iota}^*$ ——伯恩有效电荷；

　　　$\chi_{ij\iota}^{(2)}$ ——二阶非线性光学电导率。

至此，已经得到了拉曼光谱中的散射峰位和散射峰强，剩下的工作即为绘制出拉曼光谱。参考电偶极矩的辐射理论，拉曼光谱应该符合洛伦兹拟合曲线，洛伦兹型拟合方式可以表示如下：

$$I_{\text{total}}^{\text{powder}} = \sum_m I_{m\text{-total}}^{\text{powder}} \frac{\Gamma_m}{(\omega - \omega_m)^2 + \Gamma_m^2} \tag{2-44}$$

Γ_m 为作为 m 个振动模下的阻尼系数，这个参数为一般经验参数，为了简化计算并与实验结果有较好的对照，可以直接参考实验测试参数数据进行设定。

参 考 文 献

［1］WEAIRE D, THORPE M F. Electronic properties of an amorphous solid. i. a simple tight-binding theory ［J］. Physical Review B, 1971, 4 (8)：2508-2520.

［2］GONZE X, BEUKEN J M, CARACAS R, et al. First-principles computation of material properties：the ABINIT software project ［J］. Computational Materials Science, 2002, 25 (3)：

478-492.

[3] BORN M. Dynamical theory of crystal lattices [J]. Optics & Photonics News, 2000, 11 (3): 62.

[4] HARTREE D R. The calculation of atomic structure [J]. Mathematical Gazette, 1947, 26 (2): 135-136.

[5] NITYANANDA R, HOHENBERG P, KOHN W. Inhomogeneous electron gas [J]. Resonance, 2017, 22 (8): 809-11.

[6] KRYACHKO E S. Hohenberg-Kohn theorem [J]. International Journal of Quantum Chemistry, 1980, 4 (18): 1029-1035.

[7] KOHN W, SHAM L J. Self-consistent equations including exchange and correlation effects [J]. Physical Review, 1965, 140 (4A): A1133.

[8] PERDEW J P, BURKE K, ERNZERHOF M. Generalized gradient approximation made simple [J]. Physical Review Letters, 1997, 77 (18): 3865.

[9] BECKE A D P. Density-functional exchange-energy approximation with correct asymptotic behavior [J]. Physical Review A, 1988, 38 (6): 3098-3100.

[10] PERDEW J P, WANG Y. Accurate and simple analytic representation of the electron-gas correlation energy [J]. Physical Review B, Condensed Matter, 1992, 45 (23): 13244-13249.

[11] HARRISON W A. Scattering of electrons by lattice vibrations in nonpolar crystals [J]. Physical Review, 1956, 05 (104): 1281.

[12] LYDDANE R H, HERZFELD K F. Lattice vibrations in polar crystals [J]. Physical Review, 1938, 10 (54): 846.

3 两步法制备 GaN 纳米片以及光谱分析

GaN 是一种直接带隙半导体材料，GaN 基半导体材料是继以 Si 为代表的第一代和以 GaAs 为代表的第二代之后的第三代半导体材料，具有优异的光学、电学及电子特性。GaN 的热稳定性和机械稳定性良好，并且在光电子和微电子器件等方面具有广泛应用。对二维 GaN 的研究主要集中在两个方面，一方面是基于第一性原理对其电子结构及物理性质进行理论研究；另一方面是对其可控制备及形成机理的研究。理论研究方面，二维 g-GaN 的电子和光学特性已被广泛研究。实验制备方面，一维 GaN 纳米线和体 GaN 的可控制备和生长机理已被广泛研究，而关于二维 GaN 纳米片可控制备的研究报告相对缺乏。

本章提出了一种可用于工业中大量合成二维 GaN 纳米片的"两步"制备方案。第一步，在水热反应过程中加入配合物（聚乙烯吡咯烷酮（PVP），草酸二水合物（OAD）），制备出 γ-Ga_2O_3 纳米片。其最初团聚成片状横向堆叠结构，平均层厚为 10~20 nm，并将用于下一步的氨化反应。第二步，在管式炉中对 γ-Ga_2O_3 纳米片进行氨化，得到二维 GaN 纳米片。最终合成的二维 GaN 纳米片具有高纯度，良好的形貌、结晶度和光谱特性。这种两步法是用于二维 GaN 纳米片生长的一种高产率和低成本的方法。

3.1 实验制备部分

3.1.1 实验用材及两步法制备方法

实验所用到的化学试剂均为分析纯的一般化学实验药品，来自于国药等公司，所有使用的药品见表 3-1。

表 3-1 实验药品

药品试剂	化学式	纯度
氯化镓	$GaCl_3$	99.99%
盐酸	HCl	99.99%
二水合草酸（OAD）	$C_2H_2O_4 \cdot 2(H_2O)$	99.99%
聚乙烯吡咯烷酮（PVP-K30）	$(C_6H_9NO)_n$	99.99%

药品试剂	化学式	纯度
氩气	Ar	99.99%
氨气	NH_3	99.99%
去离子水	H_2O	CP

3.1.2　实验步骤

第一步：水热法制备 $\gamma\text{-}Ga_2O_3$ 纳米片。首先在烧杯中加入 5 mL 0.14 mol/L 的 $GaCl_3$ 水溶液、20 mL 0.5 mol/L 的盐酸水溶液和 5 mL 去离子水。然后，在烧杯中加入尿素（CH_4N_2O 纯度为 99.9%）、OAD（$C_2H_2O_4\text{-}2(H_2O)$ 纯度为 99.9%）和 PVP。用磁力搅拌器搅拌烧杯 12 h 后将搅拌好的溶液转移到衬有 PPL（主要成分为聚四氟乙烯）的不锈钢高压釜中。水热反应后经过过滤干燥，最终得到 $\gamma\text{-}Ga_2O_3$ 纳米片。

第二步：通过管式炉中的氨化反应将制备的 $\gamma\text{-}Ga_2O_3$ 纳米片转化为 GaN 纳米片。首先，将 $\gamma\text{-}Ga_2O_3$ 纳米片平放在石英舟底部，以增加与氨气的接触面积，然后将石英舟推入管式炉中间。接下来，随着温度的升高，连续引入高纯氩气作为载气，排出剩余空气以保持炉内气压。管式炉加热到氨化温度后，停止氩气通入并以设定的流速连续通入氨气一段时间。最后，当停止加热时停止通入氨气，随后立刻通入氩气直至管中心温度冷却至室温，取出石英舟，得到二维 GaN 纳米片。

GaN 纳米片的两步法制备的主要工艺流程为：$\gamma\text{-}Ga_2O_3$ 纳米片的制备工作，以及将合成的 $\gamma\text{-}Ga_2O_3$ 纳米片经过氨化获得二维 GaN 纳米片，整个操作流程如图 3-1 所示。

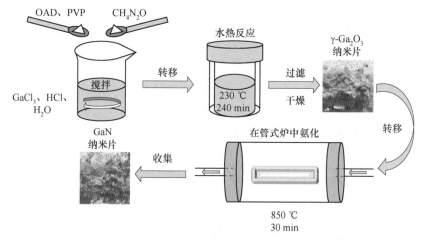

图 3-1　两步法制备 GaN 纳米片的实验操作流程示意图

3.1.3 测试分析仪器

进一步表征制备的二维 γ-Ga$_2$O$_3$ 纳米片和二维 GaN 纳米片以研究纳米片的晶体质量及光谱性质，使用 Merlin Compact Zeiss 扫描电子显微镜（SEM）和能谱仪（EDS）研究样品的形态和定性的元素组成分析。采用单色 Al K_α X 射线源（1486.6 eV）并配备 Thermo Scientific™ K-Alpha™⁺ X 射线激发源的光电子能谱仪（XPS）对样品进行元素定量分析。通过 XRD-7000 X 射线衍射仪（XRD）获得产物的晶相数据。样品结构的表征和分析由两台仪器进行，一台在 300 kV 下工作的 JEM-3010 型透射电子显微镜（TEM）和一台激发波长为 532 nm 的 RM200 激光拉曼光谱仪。采用 UV-2355 紫外-可见分光光度计和 FLS980 瞬态/稳态荧光分光光度计分别测试了样品的光学特性的紫外-可见区光吸收特性和光致发光（PL）特性。

3.2 γ-Ga$_2$O$_3$纳米片的制备与表征

两步法的关键是要制备出结晶性和形貌良好的前驱体模板。也就是说，想要制备出形貌良好、更薄的 GaN 纳米片，就必须先制备出具有上述特点的 γ-Ga$_2$O$_3$ 纳米片。首先，从反应时间和反应温度两个方面对 γ-Ga$_2$O$_3$ 纳米片的最佳制备工艺进行探究；然后对最佳制备参数制得的 γ-Ga$_2$O$_3$ 纳米片进行表征。

3.2.1 温度对 γ-Ga$_2$O$_3$纳米片形貌的影响

本小节使用控制变量法，控制水热反应的反应时间不发生变化，主要研究温度对于 γ-Ga$_2$O$_3$ 纳米片形貌的影响。结合课题组之前的研究结果，水热反应时间在 3 h 左右，反应温度在 230 ℃左右，可制备出良好的 γ-Ga$_2$O$_3$ 纳米片。因此先固定反应温度为 3 h，通过温度的梯度测试首先确定最佳温度参数，具体的操作为：将搅拌好的溶液倒入密闭的 PPL 高压反应釜中，接着将反应釜放置在电阻炉中进行加热。设计 3 组对照试验，对照试验的温度梯度设置为 220 ℃、230 ℃和 240 ℃。本小节的具体反应条件见表 3-2。

表 3-2　不同反应温度下制备 γ-Ga$_2$O$_3$纳米片的方案

编号	反应温度/℃	反应时间/h	步长/℃
1	220	3	
2	230	3	10
3	240	3	

对得到的样品经过形貌表征，如图 3-2~图 3-4 所示。220 ℃下，γ-Ga_2O_3 是以一种松散纳米颗粒的形式存在；随着温度的升高，纳米颗粒逐渐聚合变成片状结构；当温度进一步升高至 240 ℃时，γ-Ga_2O_3 纳米片重新组装成为一种三维纳米球和三维纳米棒结构。温度的升高引起的结构转变是因为组装过程中 Ga_2O_3 不同结构的形成能不同，在达到某一种结构的最低形成能阈值后才会出现结构转变。这也就导致了在低温下很难实现 γ-Ga_2O_3 纳米颗粒向纳米片的转变，因为 γ-Ga_2O_3 纳米片的形成需要更高的形成能；相反，反应温度过高时会破坏 γ-Ga_2O_3 的片状表面，使其重新组装成三维纳米球，并且温度过高会将 γ-Ga_2O_3 纳米片的边缘破坏形成三维纳米棒。综上，230 ℃时满足二维纳米片的形成能，可以形成 γ-Ga_2O_3 纳米片，因此该温度即为水热反应最佳的反应温度。

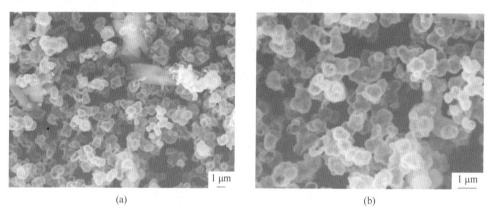

(a)　　　　　　　　　　　　　　　　(b)

图 3-2　不同放大倍率下水热反应温度为 220 ℃制备的 γ-Ga_2O_3 纳米片的 SEM 图

(a) ×5000；(b) ×10000

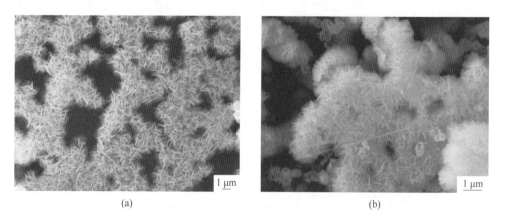

(a)　　　　　　　　　　　　　　　　(b)

图 3-3　不同放大倍率下水热反应温度为 230 ℃制备的 γ-Ga_2O_3 纳米片的 SEM 图

(a) ×5000；(b) ×10000

(a)   (b)

图 3-4   不同放大倍率下水热反应温度为 240 ℃制备的 γ-Ga₂O₃纳米片的 SEM 图

(a) ×5000；(b) ×10000

3.2.2   反应时间对 γ-Ga₂O₃纳米片形貌的影响

经过温度的梯度实验得到了最佳的反应温度为 230 ℃，在这个温度下 γ-Ga₂O₃的结构从纳米颗粒变成纳米片。在本小节控制水热反应的温度为 230 ℃，然后进一步探究反应时间 γ-Ga₂O₃纳米片形貌的影响。首先设置了 3 组步长为 1 h 的梯度实验，确定出一个初步的最佳反应时间；然后再围绕该反应时间进一步缩小步长重复实验，最终确定出水热反应的最佳反应时间。本小节的具体反应条件见表 3-3。

表 3-3   不同反应时间下制备 GaN 纳米片的方案

编号	反应温度/℃	反应时间/h	步长/h
1	230	2	
2	230	3	1
3	230	4	
4	230	3.5	
5	230	4	0.5
6	230	4.5	

设计反应时间分别为 2 h、3 h 和 4 h 步长为 1 h 的梯度实验，对得到的 γ-Ga₂O₃

纳米片进行形貌表征得到的 SEM 图像如图 3-5~图 3-7 所示。从图 3-5~图 3-7 中可以看出，γ-Ga$_2$O$_3$ 纳米颗粒已经变成了一种花瓣状的纳米球，纳米球还出现了相互聚合的趋势；反应时间延长至 3 h 后，花瓣状的纳米球变为六角形的纳米片，并且相互组装的过程十分明显；进一步延长反应时间至 4 h 后，六角形的纳米片已经组装出一个大的片层结构，且具备优秀的致密性。随着时间的增加，γ-Ga$_2$O$_3$ 发生了连续的结构转变，由球状颗粒变为交错的六角形纳米片，最终六角形纳米片相互聚合构成了大的片层结构。这说明，3 h 的反应时间只够 γ-Ga$_2$O$_3$ 花瓣状的纳米球刚刚完成了向纳米片的转变，还需要延长反应时间至 4 h 来完成纳米片的聚合。

(a)   (b)

图 3-5 不同放大倍率下水热反应时间为 2 h 的 γ-Ga$_2$O$_3$ 纳米片的 SEM 图

(a) ×5000；(b) ×10000

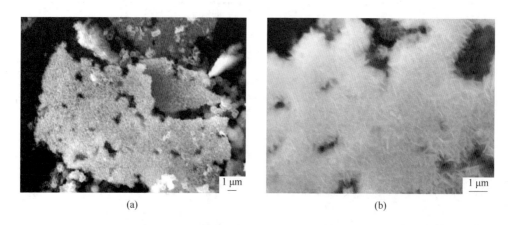

(a)   (b)

图 3-6 不同放大倍率下水热反应时间为 3 h 的 γ-Ga$_2$O$_3$ 纳米片的 SEM 图

(a) ×5000；(b) ×10000

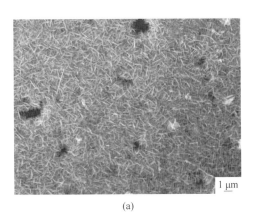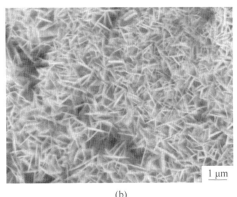

(a) (b)

图 3-7 不同放大倍率下水热反应时间为 4 h 的 γ-Ga$_2$O$_3$ 纳米片的 SEM 图

(a) ×5000；(b) ×10000

步长为 1 h 的梯度实验最终得到反应的最佳时间为 4 h，还需要进一步梯度实验验证。在 4 h 的基础上 ±0.5 h 作为对照，对结果进行表征如图 3-8～图 3-10 所示。反应时间为 3.5 h 时，γ-Ga$_2$O$_3$ 纳米片的聚合过程仍在进行，并且在已经聚合成的大片层上仍存在许多的空隙，这说明反应时间还需要加长。而反应时间为 4.5 h 时，整个片层被破坏且出现了更多的空隙，此外还出现了细长的纳米棒。这说明 4.5 h 的反应时间过长会再次破坏 γ-Ga$_2$O$_3$ 纳米片的结构，纳米棒的产生则意味着一部分 γ-Ga$_2$O$_3$ 已经水解成了棒状的 GaOOH（见式（3-1））。综上，4 h 的反应时间可以将 γ-Ga$_2$O$_3$ 纳米片聚合成为一个大的片层，增加致密性，因此该反应时间即为水热反应最佳的反应时间。

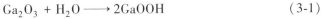

$$Ga_2O_3 + H_2O \longrightarrow 2GaOOH \tag{3-1}$$

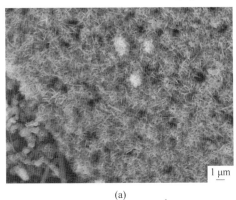

(a) (b)

图 3-8 不同放大倍率下水热反应时间为 3.5 h 的 γ-Ga$_2$O$_3$ 纳米片的 SEM 图

(a) ×5000；(b) ×10000

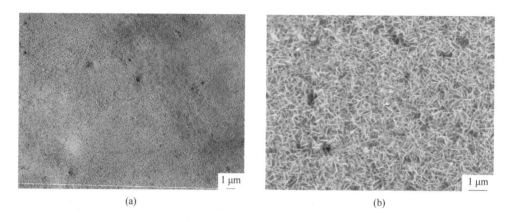

图 3-9 不同放大倍率下水热反应时间为 4 h 的 γ-Ga₂O₃纳米片的 SEM 图

(a) ×5000；(b) ×10000

图 3-10 不同放大倍率下水热反应时间为 4.5 h 的 γ-Ga₂O₃纳米片的 SEM 图

(a) ×5000；(b) ×10000

3.2.3 γ-Ga₂O₃纳米片的表征

通过梯度实验最终确定了 γ-Ga₂O₃纳米片的最佳制备参数：反应温度为 230 ℃；反应时间为 4 h。图 3-11 显示了最佳制备参数下制得的 γ-Ga₂O₃纳米片在不同放大倍率下的形貌，其中图 3-11 (a) 显示了几乎整个 γ-Ga₂O₃样品的宏观形貌，可以看出制备出的纳米片横向尺寸已经达到毫米量级。从图 3-11 (b) ~ (d) 可以看出，γ-Ga₂O₃纳米片是一种高密度均匀的纳米片插层结构。图 3-11 (d) 在 40000 倍的放大倍率下，可以看到表面光滑的 γ-Ga₂O₃纳米片，厚度和尺寸分别为 50 ~ 100 nm 和 0.5 ~ 1 μm。

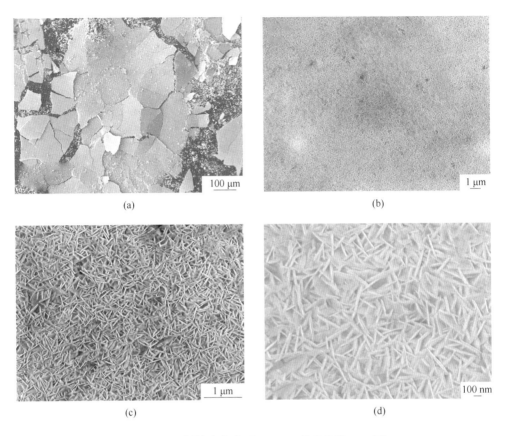

图 3-11　不同放大倍率下 γ-Ga₂O₃纳米片的 SEM 图

（a）×140；（b）×5500；（c）×20000；（d）×40000

　　此外，样品的 X 射线衍射和元素分析结果表明制备的 γ-Ga₂O₃纳米片具有高结晶度和纯度，如图 3-12 所示。图 3-12（a）所示光谱中的所有 XRD 衍射峰均为具有典型的面心立方结构 γ-Ga₂O₃晶体的各个晶面，并且与 Ga₂O₃的标准 XRD（JCPDS 20-0426）卡和其他研究人员的结果一致[1]。EDS 图谱的测量结果如图 3-12（b）所示，可以明显看出 Ga、O 和 Cu 元素的峰存在，对应的摩尔分数分别为 41.30%、56.57% 和 2.13%，其中 Ga 和 O 原子的摩尔分数分别为 41.30% 和 56.57%，摩尔分数比接近 Ga₂O₃的 2∶3。此外，在 EDS 图谱中 Cu 元素的出现是由于试验台的 Cu 基板。这一切都证明了所制备的 γ-Ga₂O₃样品具有较高的纯度。

3.2.4　γ-Ga₂O₃纳米片的生长机理

　　生长出均匀致密的 γ-Ga₂O₃纳米片是需要在反应溶液中形成一种包括 pH 值

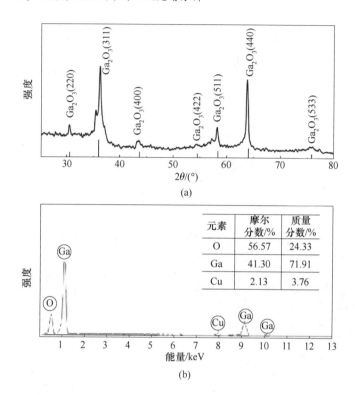

图 3-12　γ-Ga_2O_3 纳米片的 XRD 谱（a）和 EDS 图（b）

等条件在内的动态平衡体系。因为加入水解呈酸性的镓源 $GaCl_3$，需要 OH^- 去中和 H^+ 以慢慢拉升溶液 pH 值（见式（3-2））。但是如果溶液中突然出现大量的 OH^- 就会与 Ga^{3+} 形成沉淀，不利于高质量动态 γ-Ga_2O_3 纳米片的形成。平衡溶液体系通过 Ga^{3+} 和有机酸的协同作用在溶液中生成 $Ga(C_2O_4)_3^{3-}$（见式（3-4）），同时几乎抑制了 OH^- 和 Ga^{3+} 的沉淀作用（见式（3-3）），最终 $Ga(C_2O_4)_3^{3-}$（三草酸镓）水解为 Ga_2O_3 后在 230 ℃下被转变为 γ-Ga_2O_3 纳米片[2]。以上过程的主要反应方程式如下：

$$CO(NH_2)_2 + 3H_2O \longrightarrow 2NH_4^+ + 2OH^- + 2CO_2^- \tag{3-2}$$

$$Ga^{3+} + 3OH^- \longrightarrow Ga(OH)_3 \tag{3-3}$$

$$Ga^{3+} + 3C_2O_4^{2-} \longrightarrow Ga(C_2O_4)_3^{3-} \tag{3-4}$$

$$2Ga(C_2O_4)_3^{3-} + 9H_2O \longrightarrow Ga_2O_3 + 6OH^- + 6H_2O \tag{3-5}$$

溶液中的多重相互作用过程使游离在水中的 γ-Ga_2O_3 纳米粒子聚合并最终形成二维纳米片。此外，γ-Ga_2O_3 相的层状结构由于其在高温下的不稳定性，在一定条件下很容易从立方结构转变为三角形或六方结构，这也就为下一步制备 GaN 纳米片提供了先决条件。

3.3 GaN 纳米片的表征

通过梯度实验得到了 γ-Ga_2O_3纳米片的最佳工艺参数，制备出了结晶性和形貌良好、尺寸更大的前驱体模板。接下来就是要对 γ-Ga_2O_3纳米片进行氨化，作者课题组之前已经对模板法的氨化条件进行了详细的梯度测试，并得到了最佳氨化条件：氨化时间为 30 min；氨气流量为 100 mL/min；氨化温度为 850 ℃[3]。

在最佳氨化条件下制得的 GaN 纳米片在不同放大倍率下的形貌如图 3-13 所示，可以看出经氨化得到的 GaN 纳米片表面保持了 γ-Ga_2O_3纳米片的光滑平整表面且也是一种致密的垂直插层结构。随着放大倍率的增加纳米片中间出现裂纹，裂纹的出现表明 γ-Ga_2O_3纳米片的亚稳态已被破坏，这是由于反应气氨气对 Ga_2O_3纳米片表面氨化及高温下表面元素挥发所产生的效果[4-6]。同时，局部表面化学反应或原子扩散会导致 γ-Ga_2O_3纳米片框架内的 Ga 原子和 N 原子重组。上述反应会严重破坏 γ-Ga_2O_3原有完整的形态，纳米片的中部出现裂纹。

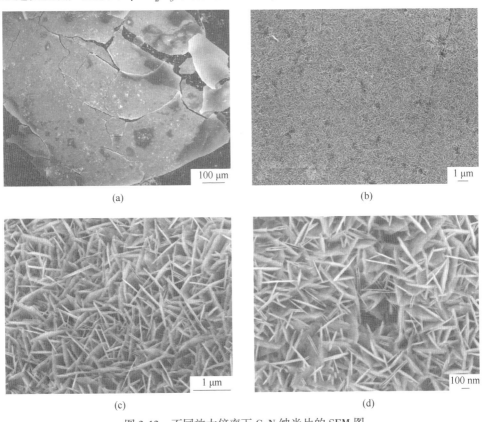

(a)　　　　　　　　　　　　　　　(b)

(c)　　　　　　　　　　　　　　　(d)

图 3-13　不同放大倍率下 GaN 纳米片的 SEM 图

(a) ×140；(b) ×5500；(c) ×20000；(d) ×40000

　　GaN 纳米片样品的 X 射线衍射（XRD）如图 3-14（a）所示。与标准纤锌矿结构 GaN 的 XRD 卡（ICDD-PDF No. 50-0792）相比，谱线中的散射峰均来自六方纤锌矿结构 GaN，峰位分别对应（100）、（002）、（101）、（102）、（110）、（103）、（112）和（201）晶面，没有任何杂质峰。这表明立方结构的 γ-Ga$_2$O$_3$ 纳米片经过原位转化的氨化反应后已经完全转变为具有良好结晶度的六方 GaN 纳米片。从图 3-14 中可以看出，峰值最强的峰为（101）面的散射峰，表明制得的二维 GaN 纳米片多是以（101）面生长的。EDS 图的测量结果如图 3-14（b）所示，可以发现除了 Ga 原子和 N 原子的元素峰外，GaN 纳米片还出现了 O 原子和 Cu 原子的峰。O 原子可能来自样品表面缺陷处吸附的 O 原子和灰尘，而 Cu 原子的峰值来自于测试台的 Cu 基板。更重要的是，对应的 Ga、N 摩尔分数分别为 36.28% 和 36.93%，接近 GaN 的摩尔分数比 1：1。

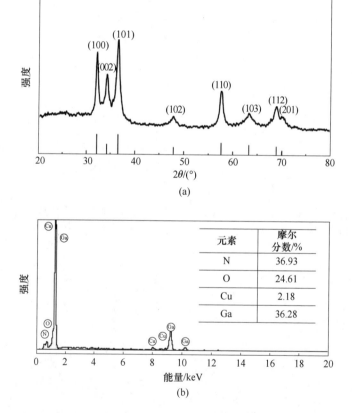

图 3-14　GaN 样品的 XRD 谱（a）和 GaN 纳米片的 EDS 图（b）

　　典型 GaN 纳米片的 TEM 图像如图 3-15（b）所示，图 3-15（a）和（c）是图 3-15（b）中用虚线框 1 和 2 分别标记的两个选定位置的 HRTEM 图像。开始测试前仪器使用北京中精科仪科技有限公司的金标准样品进行校准，此外，HRTEM 中的比例尺是由 Digital Micrograph 软件根据放大倍数生成，晶带轴为 [0001]。从图 3-15 （a）和图 3-15 （c）可以看出，纤锌矿 GaN 纳米片的晶体性质进一步通过 0.243 nm 的晶格条纹间距得到验证，这与纤锌矿结构 GaN 中 (101) 面的间距很好地匹配并且还与图 3-14 中的 XRD 结果一致。图 3-15 （a）中晶格条纹方向有 4 种，但晶格间距相同，这意味着制备的 GaN 纳米片是堆叠的多层晶体结构。图 3-15 （c）中的插图是选区电子衍射图案（SAED），其中规则和有序衍射点对应六方纤锌矿 GaN 的不同晶面，并展示样品的良好晶体质量[7]。

经过功函数法校准后使用位于 284.88 eV 处的 C-1s 峰作为参考进行校准[8-9]，这是因为直接使用传统 C-1s 峰位进行校准是不科学的[10-12]。XPS 的全扫描光谱如图 3-16 （a）所示，GaN 纳米片样品中含有的主要元素是 N、Ga、O 和 C，与之前的报道相似[13]，对应的 GaN 光电子发射峰分别为 Ga-3d(19.8 eV)、Ga-3$p_{3/2}$(106.08 eV)、Ga-3s(161.08 eV)、Ga-2$p_{1/2}$(1144.60 eV)、Ga2$p_{3/2}$(1117.80 eV)、N-1s(397.4 eV) 和 Ga LMM 俄歇峰。其中，Ga 元素和 N 元素的峰源自样品中的 GaN，这和 GaN 中标准的 Ga 和 N 峰位相互对应。C-1s、Ga-3d 和 N-1s 的结合能分别如图 3-16 （b）~（d）所示，C-1s(286.28 eV) 和 O-1s (531.6 eV) 的结合能来自第一步水热反应和表面吸附的 C 和 O 元素[14-15]。除此之外，还可以发现 N-1s 峰出现结合能的展宽，经过分峰拟合以后在 395.63 eV 和 393.34 eV 处出现了结合能峰值。在经过了对整个实验过程的仔细分析后认为，这是由于所制备样品的表面存在大量的 O 原子和 H 原子，它们不是来自水热反应产生的含 O、H 的有机物官能团，而是源自 γ-Ga$_2$O$_3$ 中被置换出来的 O 原子及吸附于纳米片表面未参与反应的氨气分子（N-H），而 O 原子在未脱离 GaN 纳米片以前可能与 N 原子形成 N-O 化合物。

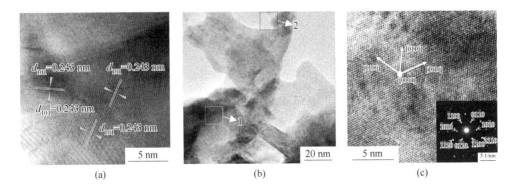

(a)   (b)   (c)

图 3-15 GaN 纳米片的 TEM （a）和 HRTEM 图像 （b）及相应的 SAED 图案 （c）

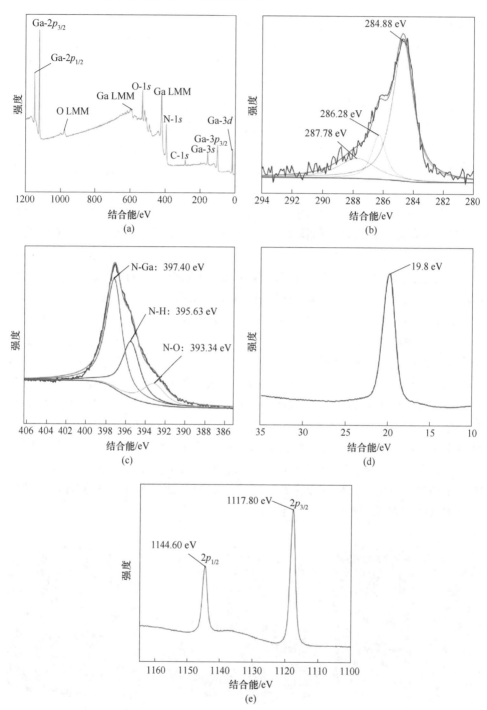

图 3-16 GaN 纳米片的高分辨率 X 射线光电子能谱

（a）GaN 纳米片；（b）C-1s；（c）N-1s；（d）Ga-3d；（e）Ga-2p

　　二维 γ-Ga$_2$O$_3$纳米片转变为二维 GaN 纳米片的生长机制表明，多个立方γ-Ga$_2$O$_3$晶胞的斜截面拼凑构成了 GaN 晶体定向生长的完美框架，如图 3-17（a）所示。具体而言，沿立方晶格对角线的 6 个横截面得到六方密堆积底面，直接促进了反应过程中的结构转变。立方结构的横向截面取向和 γ-Ga$_2$O$_3$纳米片的垂直插层结构使纳米片的侧面直接暴露在氨气中，这使得反应更容易从中间开始，然后扩散到两侧，最终将纳米片分开分成两片。此外，因为纳米片的插层结构不可避免地会产生更多的间隙，并且纳米片间的堆叠间隙为 N 原子进入并最终完全取代 O 原子创造了良好的先决条件。在反应中，Ga—O 键会首先断裂，氧化镓中的 O 原子被 N 原子取代，Ga 原子仍保持整体骨架，如图 3-17（b）所示。此外，有研究指出，无论是真空环境下还是完全暴露在空气中，高温退火得到的单晶的形态特征变化很大[16]。因此，除过氨化反应外，在其余的升温降温时间段内都会通入 Ar 气，确保尽可能减少空气进入干扰实验。这将最大程度地保持 γ-Ga$_2$O$_3$的六方晶形易于转变为六方 GaN。

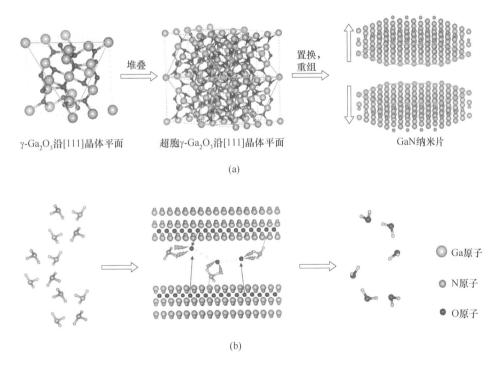

(a)

(b)

图 3-17　立方 γ-Ga$_2$O$_3$转变为六方 GaN 的生长机制示意图

（a）立方 γ-Ga$_2$O$_3$转变为六方 GaN；（b）反应和原子置换的模拟过程

3.4 GaN 纳米片的光谱特性

3.4.1 GaN 纳米片的拉曼光谱

GaN 纳米片的拉曼光谱如图 3-18（a）所示，其中两个显著的散射峰 567.5 cm^{-1} 和 725.362 cm^{-1} 与六方纤锌矿结构 GaN 晶体的 E_2(high)（569 cm^{-1}）模式和 A_1(LO)（736 cm^{-1}）模式相互拟合[17]。位于 249.7 cm^{-1} 和 417.1 cm^{-1} 处的二阶拉曼振动模式的出现则可以归因于由表面无序和有限尺寸效应激活的区域边界声子的影响[18]。拉曼光谱证明了 GaN 纳米片的高质量晶体结构，这与 XRD 和 TEM 表征结果一致。

另外，图 3-18（b）是 GaN 纳米片样品表明不同位置的拉曼光谱，其中图 3-18（a）是图 3-18（b）中的谱线 1。从图 3-18（b）可以看出，位于样品中不同位置的 E_2(high) 和 A_1(LO) 振动模式依次有小的红移，其中 A_1(LO) 峰对于位置的变化更为敏感（可能是由于样品中 GaN 纳米片的厚度不同所导致）。因此，将 A_1(LO) 峰单独分析，如图 3-18（c）所示，可以看出峰位从 1 到 5 呈现明显的红移趋势。这种趋势类似于石墨烯的一阶拉曼峰随着多层升高而逐渐红移的规律[19]。此外，根据之前报道显示，多层 MoS$_2$ 的拉曼光谱中的层间呼吸模式对层数变化更为敏感。这与 GaN 晶体中的 A_1(LO) 振动模式类似，MoS$_2$ 晶体中的呼吸模式也是一种层间耦合振动模式，其振动方向垂直于平面。随着层数的增加，呼吸模式的峰位逐渐向低波数区域移动[20]。基于此，我们认为 GaN 纳米片厚度的增加导致了 A_1(LO) 峰位出现了红移。这个结论将可以作为鉴别二维 GaN 纳米片厚度的有效判据。

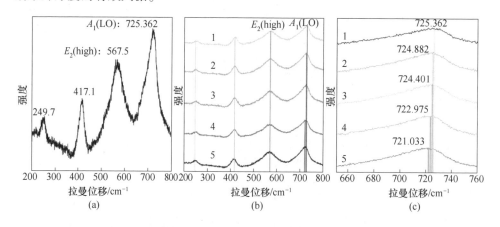

图 3-18 GaN 纳米片的拉曼光谱（a）、样品中不同位置的拉曼光谱（b）
和 1~5 线的 A_1(LO) 峰（c）

　　把屈曲、平面 GaN 计算得到的拉曼光谱的 $A_1(LO)$ 峰及实验测试得到的 $A_1(LO)$ 随着厚度变化的散射峰放在一起比较，如图 3-19 所示，计算结果表明，无论屈曲结构还是平面结构随着层数的升高 $A_1(LO)$ 峰位逐渐向低波数移动，这个结论得到了实验的验证。如图 3-19（c）所示，GaN 纳米片表面不同厚度导致 $A_1(LO)$ 峰位的移动，且随着厚度的增强逐渐向低波数范围移动。

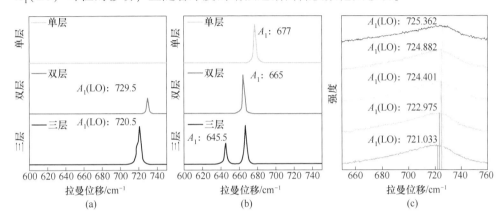

图 3-19　计算模拟的屈曲结构（a）和平面结构（b）GaN 的拉曼光谱及实验测试
得到的拉曼光谱的 $A_1(LO)$ 峰（c）

3.4.2　GaN 纳米片的吸收光谱和光致发光谱

　　为了研究制造的 GaN 纳米片的发光特性，在室温下测试了由 325 nm 氙灯激发的 UV-Vis 吸收光谱和光致发光光谱。图 3-20（a）表明，200~400 nm 的吸收光谱与以往的研究一致[21]。然而，400~800 nm 的光谱显示吸收增强，这是由于超声波振动后样品分散在溶液中不可避免的大颗粒团聚。GaN 纳米片的带隙可以从插图中的 $(F(R)h\nu)^2$-E 曲线推导出为 3.12 eV，这个带隙值小于单层 GaN 的理论预测值 4.79~4.89 eV，甚至小于传统的块状 GaN 的 3.4 eV[22]。GaN 纳米片样品中存在聚集和不规则堆叠，这些堆叠结构会造成一定的结构缺陷，可能主导 GaN 纳米片的能带结构。此外，氮化反应在形成大量位错缺陷的同时，也可能使这些缺陷通过吸附作用吸引被取代的 O 原子或其他杂质原子。这些杂质原子和晶体缺陷的综合作用大大抵消了小尺寸下的量子限制效应，导致制备的 GaN 纳米片带隙变小[23]。

　　制备的 GaN 纳米片的 PL 光谱如图 3-20（b）所示，可以看出在室温下有一个 397 nm 的强烈发光峰，该峰对应的光子能量为 3.12 eV，对应于 GaN 纳米片的 UV-Vis 吸收峰和带隙，这是由于光生空穴和电子的径向复合[24]。此外，在深紫外区（286 nm）有一个发光峰，这是由于近带边（NBE）激子复合产生。

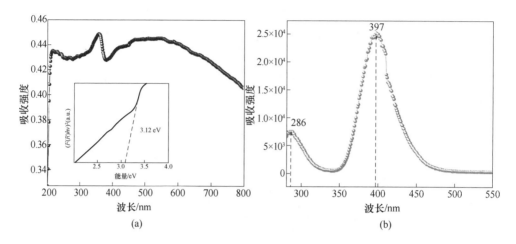

图 3-20 制备的 GaN 纳米片的 UV-Vis 光谱（a）和 PL 光谱（b）

（（a）中插图为相应的 $(F(R)h\nu)^2$-E 曲线）

本章以形貌良好的 γ-Ga$_2$O$_3$ 纳米片为前驱体，实现了两步法制备二维 GaN 纳米片。此外，还对制得的 GaN 纳米片进行光谱表征。得到的结果如下：

（1）对 γ-Ga$_2$O$_3$ 纳米片对最佳制备工艺进行探究，得到了水热反应的最佳实验参数：反应温度为 230 ℃，反应时间为 4 h。这使得制备出的 γ-Ga$_2$O$_3$ 纳米片更均匀、横向尺寸更大，并且具有较高的结晶度。

（2）将 γ-Ga$_2$O$_3$ 纳米片经行氨化后得到的 GaN 纳米片同样保持着平整的形貌及较高的结晶度，TEM 和 HRTEM 特性表明，GaN 纳米片是多层六方纤锌矿结构。

（3）GaN 纳米片的拉曼光谱的 A_1(LO) 峰随着厚度的增加而逐渐红移，这与计算结果一致。

（4）UV-Vis 和 PL 谱的结果表明，实验制备的 GaN 纳米片禁带宽度为 3.12 eV 并且可以实现在近紫外波段的光吸收和光发射。

提出的合成 GaN 纳米片的两步法是一种高效且易于使用的纳米片材料制备工艺，具有广阔的应用前景。

参 考 文 献

[1] RUAN M M, SONG L X, YANG Z, et al. Novel green synthesis and improved solar-blind detection performance of hierarchical γ-Ga$_2$O$_3$ nanospheres [J]. Journal of Materials Chemistry C, 2017, 5 (29): 7161-7166.

[2] YANG Z, SONG L X, WANG Y Q, et al. Hexagonal nanoplates of high-quality γ-gallium oxide: controlled synthesis and good heterogeneous catalytic performance for thiophenes [J]. Journal of Materials Chemistry A, 2018, 6 (7): 2914-2921.

［3］刘畅. 模板法制备 GaN 纳米片及 G-GaN-G 夹层异质结构理论研究［D］. 西安：西安理工大学，2021.

［4］LIU B D, YANG B, YUAN F, et al. Defect-induced nucleation and epitaxy：a new strategy toward the rational synthesis of WZ-GaN/3C-SiC Core-Shell heterostructures［J］. Nano Letters, 2015, 15（12）：7837-7846.

［5］LIU B D, YUAN F, DIERRE B, et al. Origin of yellow-band emission in epitaxially grown GaN nanowire arrays［J］. ACS Appl Mater Interfaces, 2014, 6（16）：14159-14166.

［6］LI J, LIU B D, YANG W J, et al. Solubility and crystallographic facet tailoring of （GaN）$_{1-x}$（ZnO）$_x$ pseudobinary solid-solution nanostructures as promising photocatalysts［J］. Nanoscale, 2016, 8（6）：3694-3703.

［7］MENDOZA A, GUZMÁN G, RIVERO I, et al. Point defects and oxygen deficiency in GaN nanoparticles decorating GaN：O nanorods：an XPS and CL study［J］. Applied Physics A, 2021, 127：599.

［8］GUZMÁN G, HERRERA M, SILVA R, et al. Influence of oxygen incorporation on the defect structure of GaN microrods and nanowires. An XPS and CL study［J］. Semiconductor Science and Technology, 2016, 31（5）：5006.

［9］MENDOZA A, GUZMÁN G, RIVERO I, et al. Point defects and oxygen deficiency in GaN nanoparticles decorating GaN：O nanorods：an XPS and CL study［J］. Applied Physics A, 2021, 127（8）：599.

［10］GRECZYNSKI G, HULTMAN L. X-ray photoelectron spectroscopy：towards reliable binding energy referencing［J］. Progress in Materials Science, 2020, 107：100591.

［11］GRECZYNSKI G, HULTMAN L. C 1s peak of adventitious carbon aligns to the vacuum level：dire consequences for material's bonding assignment by photoelectron spectroscopy［J］. ChemPhysChem, 2017, 18（12）：1507-1512.

［12］GRECZYNSKI G, HULTMAN L. Reliable determination of chemical state in X-ray photoelectron spectroscopy based on sample-work-function referencing to adventitious carbon：resolving the myth of apparent constant binding energy of the C 1s peak［J］. Applied Surface Science, 2018, 451：99-103.

［13］ZHANG L Q, ZHANG C H, GOU J, et al. PL and XPS study of radiation damage created by various slow highly charged heavy ions on GaN epitaxial layers［J］. Nuclear Instruments and Methods in Physics Research Section B, 2011, 269（23）：2835-2839.

［14］GRODZICKI M, ROUSSET J G, CIECHANOWICZ P, et al. XPS studies on the role of arsenic incorporated into GaN［J］. Vacuum, 2019, 167：73-76.

［15］FALTA J, SCHMIDT T, GANGOPADHYAY S, et al. Cleaning and growth morphology of GaN and InGaN surfaces［J］. Physica Status Solidi（b）, 2011, 248（8）：1800-1809.

［16］ZHANG S H, LIU Z, ZHANG L, et al. Planar rose-like ZnO/honeycombed gallium nitride heterojunction prepared by CVD towards enhanced H$_2$ sensing without precious metal modification［J］. Vacuum, 2021, 190：110312.

［17］SUN C L, YANG M Z, WANG T L, et al. Graphene-oxide-assisted synthesis of GaN nanosheets as a new anode material for lithium-ion battery [J]. ACS Applied Materials & Interfaces, 2017, 9 (32): 26631-26636.

[18] WANG T, CARRETE J, NATALIO M, et al. Phonon scattering by dislocations in GaN [J]. ACS Applied Materials & Interfaces, 2019, 11 (8): 8175-8181.

[19] GRAF D, MOLITOR F, ENSSLIN K, et al. Spatially resolved Raman spectroscopy of single- and few-layer graphene [J]. Nano Letters, 2007, 7 (2): 238-242.

[20] LI H, WU J B, RAN F R, et al. Interfacial interactions in van der Waals heterostructures of MoS_2 and graphene [J]. ACS Nano, 2017, 11 (11): 11714-11723.

[21] CHAE S, LE T H, PARK C S, et al. Anomalous restoration of sp^2 hybridization in graphene functionalization [J]. Nanoscale, 2020, 12 (25): 13351-13359.

[22] KUNG P, WALKER D, HAMILTON M, et al. Lateral epitaxial overgrowth of GaN films on sapphire and silicon substrates [J]. Applied Physics Letters, 1999, 74 (4): 570.

[23] LIU B D, YANG W J, LI J, et al. Template approach to crystalline GaN nanosheets [J]. Nano Letters, 2017, 17 (05): 3195-3201.

[24] LI H H, LIANG C L, ZHONG K, et al. The modulation of optical property and its correlation with microstructures of ZnO nanowires [J]. Nanoscale Research Letters, 2009, 11 (4): 83.

4 化学气相沉积法制备 GaN 纳米片

GaN 纳米片由于独特的物化性质，在电子、光电子、光催化等多个领域具有重要的应用前景。目前，GaN 纳米片已经通过模板法、迁移封装增强法及氧化石墨烯辅助合成法等工艺制备，但这些方法工艺较为复杂，所以仍需研究较简单的制备工艺。本章采用化学气相沉积（CVD）法，设计了多组对照实验，在不同工艺条件下制备了 GaN 纳米片，并对样品进行测试表征。研究了反应温度区间、升温速率及 NH_3 流量对 GaN 纳米片的影响，最终得到了最佳工艺条件。

4.1 实验试剂与仪器

4.1.1 实验试剂与源材料

制备 GaN 纳米片所需的实验试剂与材料见表 4-1。

表 4-1　实验试剂与材料

药品试剂	化学式	纯度
氨气	NH_3	99.99%
氩气	Ar	99.99%
液态镓	Ga	99.999%
乙醇	C_2H_5OH	AR
去离子水	H_2O	CP
钨箔	W	99.9999%

4.1.2 实验仪器

本章实验制备 GaN 纳米片需要用到以下仪器：电子天平、超声波清洗仪、干燥箱、水平管式气氛炉、X 射线衍射仪、扫描电子显微镜及气体流量控制器。生产厂商及设备型号见表 4-2。

表 4-2　实验设备

设备名称	生产厂商	设备型号
干燥箱	沈阳市节能电炉公司	RJM-28-10
超声波清洗仪	济宁天华超声电子仪器有限公司	TH-300BC
电子天平	深圳市西恩威电子有限公司	50g/0.001g 250ct×0.005ct
水平管式气氛炉	湘潭市三星仪器有限公司	S60-4-14
扫描电子显微镜	日本电子株式会社	JSM-6700F
X 射线衍射仪	日本岛津公司	XRD-6100
气体流量控制器	北京汇博隆仪器有限公司	S49-32/MT

4.2　实验步骤

首先对钨箔衬底进行预处理：

（1）裁剪：将购买的钨箔裁剪至 1 cm×1 cm 的正方形钨箔衬底。

（2）清洗：裁剪后的钨箔放置在盛有乙醇的干净烧杯中，再将烧杯静置在超声波清洗仪中，在温度 $T=20\ ℃$ 下持续超声清洗 2 h。由于乙醇易挥发，故烧杯中需添加过量的乙醇溶液，以防清洗时由于挥发而耗尽。接着将清洗后的钨箔放置在另一个盛有去离子水的烧杯中，再在 $T=20\ ℃$ 下持续震荡 2 h。最后将清洗干净的钨箔放置在干燥箱中，在 65 ℃ 下干燥 1 h。这一步是为了去除钨箔表面上吸附的灰尘及杂质。

接下来将金属 Ga 在预处理后的钨箔上延展开，具体操作如下：将提前在载玻片上制备好的 0.02 g 的固态 Ga 小球放置在钨箔上，升温使 Ga 小球转变为液态，再使用 Si 片进行机械延展，操作示意图如图 4-1 所示。

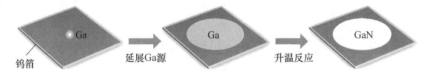

钨箔　　　　　延展Ga源　　　　　升温反应

图 4-1　GaN 纳米片实验步骤示意图

最后将处理好的钨箔放置在石英舟中心，并将石英舟推入管式炉的中心位置，密封后通入 Ar 气检测气密性，并持续通入 150 mL/min 的 Ar 气将气氛炉中的空气排出，接着开始在 Ar 气的保护下升温，升温至反应温度后关闭 Ar 气，开始通入 NH_3。气氛炉示意图如图 4-2 所示。待反应完毕后关闭 NH_3，通入 Ar 气，在 Ar 气氛围的保护下使管内温度下降至 200℃ 左右，关闭 Ar 气，接着待气氛炉温度降低至室温时，即可取出石英舟，得到实验样品。

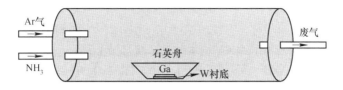

图 4-2 升温反应操作示意图

4.3 不同工艺条件下 GaN 纳米片的制备与表征

在之前的研究中可以发现[1-2]，CVD 法制备过程中，反应温度、NH$_3$气流量及反应时间是影响样品的主要因素。本章的亮点在于使用动态温度区间法，即设定一个反应的温度区间，炉内温度达到此区间起始温度时开始通入 NH$_3$，至温度区间的终点时关闭 NH$_3$，在 Ar 气的保护下降温。这种方法不但能控制反应温度，且可以通过控制升温速率及反应温度区间来控制反应时间。

本章通过控制变量法，在不同工艺条件下设置多组对比实验，研究了反应温度区间、升温速率及 NH$_3$流量对 GaN 纳米片的影响。最终制备了分布均匀、致密性良好、横向尺寸较大、厚度较薄且形貌良好的 GaN 纳米片。

4.3.1 反应温度区间对 GaN 纳米片的影响

首先讨论了在其他条件不变的情况下，4 个不同反应温度区间（650~800 ℃、700~800 ℃、650~850 ℃及 700~850 ℃）对 GaN 纳米片的影响。分别以金属 Ga 和 NH$_3$作为反应的 Ga 源与 N 源，在钨箔衬底上制备了 GaN 纳米片。Ar 气流量在升温及降温过程中均设定为 150 mL/min。在气氛炉中央位置放入石英舟后，首先确定气氛炉气密性良好，然后通 20 min Ar 气以确保排出空气。接着在 Ar 气氛围中持续升温至反应温度区间起始点，关闭 Ar 气，以 100 mL/min 流量通入 NH$_3$，直至反应温度区间终点后关闭 NH$_3$，通入 Ar 气，在 Ar 气氛围中降温至室温后取出样品进行表征。升温速率保持为 10 ℃/min，4 个不同反应温度区间对应的反应时间分别为 15 min、10 min、20 min 及 25 min。

由图 4-3 可知，图（a）中样品致密性较好，但从放大至 10000 倍后，从图（b）中可发现产物并非是 GaN 纳米片，而是较厚且不规则的纳米棱台，以及一些形状不规则的纳米颗粒状产物。此外，有些区域的纳米棱台聚集在一起形成 3D 岛。图（c）中样品纳米片形状规则、致密性较好且横向尺寸比图（a）中更大，图（d）中可发现纳米片样貌较符合实验预期，不足之处是纳米片表面存在黑色阴影，分析这种现象出现的原因可能有两点：一是 GaN 纳米片在反应完毕之后，管式炉内 NH$_3$过量，导致 GaN 继续不均匀堆积；二是 NH$_3$流量过小，在反应尚未完毕、GaN 纳米片尚未成型时，管式炉内 NH_3 量不足导致反应不完全，从而表面形成缺陷。图（e）中样品横向尺寸较小，虽然致密性良好，但分布不均匀。图（f）中可以看出，GaN 纳米片的边缘部分黏连在一起，形成了 3D 岛样貌，并且纳米片无法分离，不能实现自支撑。图（g）中心处是靠近 Ga 源的部分，将此处放大至高倍数后，图（h）中可看到 Ga 源附近有倒立的不完整的纳米片生成，纳米片数量较少，分布零散且形貌不一，不符合实验预期。

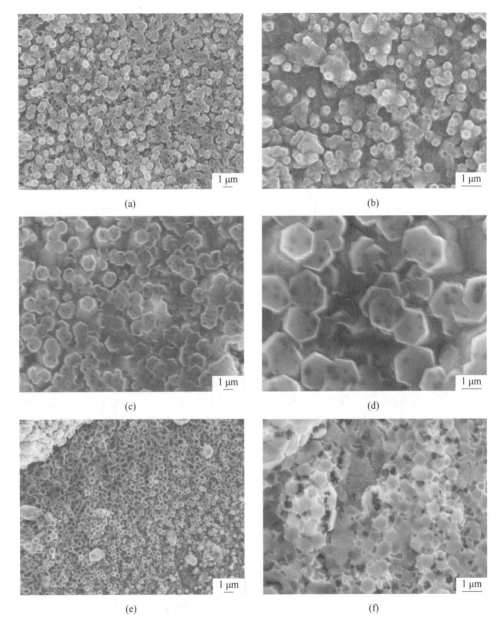

(a)

(b)

(c)

(d)

(e)

(f)

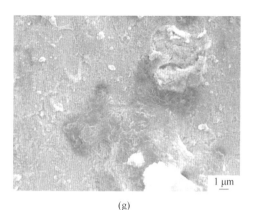
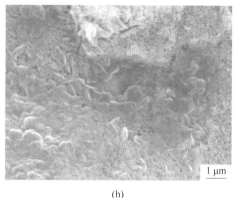

(g)　　　　　　　　　　　　　　　　　(h)

图 4-3　不同温度区间、不同放大倍率下所制备的 GaN 纳米片样品 SEM 图

(a) 650~800 ℃, ×5000; (b) 650~800 ℃, ×10000; (c) 700~800 ℃, ×5000;

(d) 700~800 ℃, ×10000; (e) 650~850 ℃, ×5000; (f) 650~850 ℃, ×10000;

(g) 700~850 ℃, ×5000; (h) 700~850 ℃, ×10000

总结上述 4 组实验可发现，最适合的温度区间为 700~800 ℃，所得 GaN 纳米片分布均匀、横向尺寸较大、形貌规则且致密性良好，不足之处在于纳米片表面存在黑色阴影，这在后续实验中可以通过快速降温法消除。

4.3.2　升温速率对 GaN 纳米片形貌的影响

在 4.3.1 节可发现温度区间设定在 700~800 ℃时，样品的样貌最好，本节在此基础上探索升温速率对 GaN 纳米片形貌的影响。本组实验升温速率分别设置为 14 ℃/min、12 ℃/min、8 ℃/min 及 6 ℃/min，反应温度区间设定为 700~800 ℃，对应的反应时间分别为 7.1 min、8.3 min、12.5 min 及 16.7 min。在 NH_3 流量等其他条件不变的情况下，对不同升温速率下所得到的样品进行表征。

由图 4-4 可以看出，图 (a) 中可看到样品分布较均匀且致密性良好，在钨箔衬底上横向生长。但从图 (b) 中发现，样品并非为均匀的六角形纳米片结构，而是附着在钨箔衬底上的纳米颗粒，推测这是由于升温速率过快导致反应时间过短，反应不充分所导致的现象。降低升温速率至 12 ℃/min 后，从图 (c) 中可发现 Ga 源与钨箔衬底之间的沟壑中有规则的六角形纳米片生成。倍率放大至 10000 倍后，从图 (d) 中可看出虽然有较均匀的纳米片结构出现，但是大小不一，分布杂乱，并且中间穿插着大量不规则的纳米颗粒，因此较大的升温速率对纳米片形貌有消极影响。图 (e) 和图 (f) 的形貌与之前相比发生了较大改变，纳米片由之前平铺在钨箔衬底上变为倒插在钨箔衬底上，虽然厚度较薄，但纳米片不完整，黏连在钨箔衬底上，无法实现自支撑，此外纳米片分布不均匀，不符合实验预期。图（g）和图（h）中的样品与图（e）和图（f）的形貌类似，且致密性更加良好。但仔细观察图（h）中的样品可发现，样品中并非是规则、均匀的纳米片结构，而是中间较厚、边缘较薄的纺锤形。此外，在纳米纺锤结构型样品的间隙中还穿插着大量的纳米颗粒。

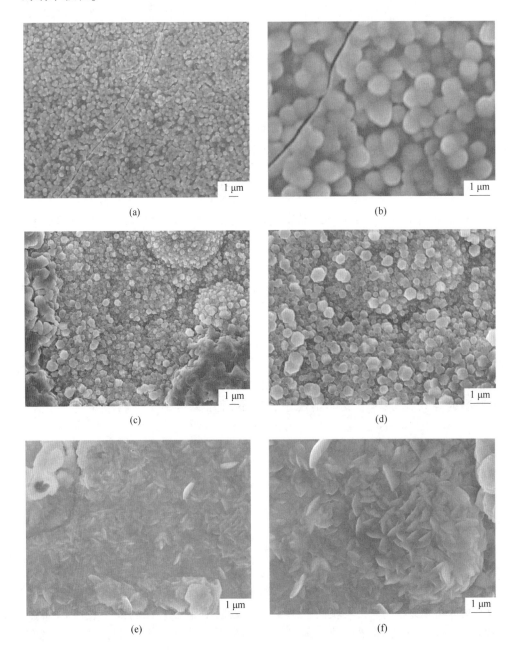

(a)

(b)

(c)

(d)

(e)

(f)

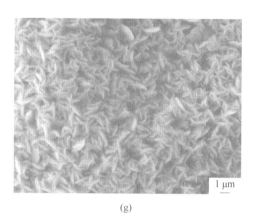
(g)

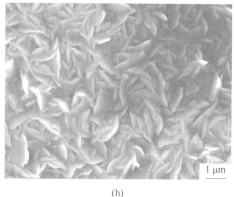
(h)

图 4-4 不同升温速率、不同放大倍率下 GaN 纳米片样品 SEM 图

(a) 14 ℃/min, ×5000; (b) 14 ℃/min, ×10000; (c) 12 ℃/min, ×5000; (d) 12 ℃/min, ×10000;
(e) 8 ℃/min, ×5000; (f) 8 ℃/min, ×10000; (g) 6 ℃/min, ×5000; (h) 6 ℃/min, ×10000

总结上述 4 组实验可发现，样品形貌在升温速率为 12 ℃/min 时优于 14 ℃/min，8 ℃/min 时优于 6 ℃/min，但均不如在 10 ℃/min 下所得的样品，所以升温速率过高或过低均不可取。但相较而言，在 14 ℃/min 时，样品虽然呈不规则样貌，但致密性较好且厚度较薄。在 12 ℃/min 时出现规则的六角形纳米片，但样品较厚，推测这是由于反应结束后，管式炉中剩余的过量 NH_3 再继续与纳米片反应，使得纳米片厚度增加。对比 8 ℃/min 与 6 ℃/min，虽然 8 ℃/min 时致密性与 6 ℃/min 相比较差，但在 6 ℃/min 时的纳米片变为纳米纺锤结构。推测样品在生长为纳米片结构之后，如果反应时间过长，气氛炉中过量的 N 源会继续参与反应，从而使六角形纳米片中间位置开始增厚。因此，综合上述实验可知，在其他条件不变时，10 ℃/min 是最佳升温速率。

4.3.3 快速降温对 GaN 纳米片形貌的影响

通过上组实验发现，反应结束后管式炉中可能会有剩余的 NH_3 继续与纳米片反应，导致纳米片增厚，或是纳米片表面出现缺陷。因此，如果在反应结束后使剩余的 NH_3 快速排出，其次，在反应结束后使管式炉内的温度快速下降至低于反应温度，这样可能会避免在纳米片形成后表面厚度增加的问题。所以接下来考虑采用快速降温方法，即到达反应温度区间终点开始降温时，立即关闭 NH_3，并以较大气流量通入 Ar 气。这样不仅可以快速排出管式炉中的残留 NH_3，还可以实现快速降温。

在 4.3.1 节和 4.3.2 节的基础上，确定了最佳反应温度及最佳升温速率。本节实验的参数设置及具体操作如下：升温速率保持在 10 ℃/min，温度区间设定为 700~800 ℃，NH₃ 流量设定为 100 mL/min。开始升温前首先通 20 min 流量为 150 mL/min 的 Ar 气以确保排出空气，营造 Ar 氛围。升温过程中，Ar 气流量仍保持为 150 mL/min，在炉内温度为 700~800 ℃时关闭 Ar 气并通入 100 mL/min 的 NH₃，温度至 800 ℃时迅速关闭 NH₃，并开始通入大流量的 Ar 气，在 800 ℃降温至 600 ℃时 Ar 流量设置为 400 mL/min，炉内温度降低至 600 ℃以下时，以 150 mL/min 流量使管式炉降至室温，最终得到样品进行 SEM 表征。

　　使用快速降温法所得样品的 SEM 测试图像如图 4-5 所示，图（a）为靠近 Ga 源（图片左侧）附近的钨箔衬底放大 5000 倍的扫描图像，可见样品致密性良好，六角形纳米片平铺在钨箔衬底上，但同时纳米片的尺寸呈现阶梯式分布，即在靠近 Ga 源附近的纳米片更大，反之更小。再放大至 10000 倍后，图（b）中可见纳米片形状规则，表面光滑，但纳米片间隙有杂乱的纳米颗粒。虽仍有不足，但与前两小节相比可发现快速降温对纳米片形貌有积极影响，接下来在此基础上讨论 NH₃ 流量对纳米片的影响，并对实验方案进一步改进。

(a)　　　　　　　　　　　　　　　　　(b)

图 4-5　不同放大倍率下使用快速降温工艺所制备的 GaN 纳米片样品 SEM 图

(a) ×5000；(b) ×10000

　　综上所述，快速降温法不但能够快速降低管式炉内的温度，还可以快速排出 NH₃ 氛围，这种方法在后续章节中得到了应用。

4.3.4　NH₃ 流量对 GaN 纳米片形貌的影响

　　在使用了快速降温法之后，纳米片形貌发生明显改观，但仍有不足。总结上述几组实验后，可发现温度区间设定在 700~800 ℃、升温速率设定为 10 ℃/min 并采用快速降温法得到的样品形貌较好。本组实验在此基础之上研究不同 NH₃ 流量对 GaN 纳米片薄厚、均匀性及表面形貌的影响。先对 NH₃ 流量进行粗调节，分别设置为 50 mL/min、150 mL/min。再在 100 mL/min 附近处细调节，NH₃ 流量分别设置为 90 mL/min 及 110 mL/min，在其他条件不变的情况下，对得到的样品进行表征。

首先对 NH$_3$ 气流量进行粗调节，将 NH$_3$ 气流量从 100 mL/min 分别减小至 50 mL/min 及增大至 150 mL/min。由图 4-6 可以看出，图（a）中样品致密性良好，分布均匀，但在放大至 10000 倍时，图（b）可观察到样品不是自支撑的纳米片结构，而是黏连在一起的纳米颗粒状产物，不符合实验预期。可见过小的 NH$_3$ 流量并非是降低纳米片厚度的有效方法，推测这是因为过小的 NH$_3$ 流量在反应温度区间内无法营造出 NH$_3$ 氛围，钨箔附近的 Ga 源尚未与 N 源充分接触反应，就已经到达了温度区间终点，导致纳米片未完全成型。增大 NH$_3$ 流量至 150 mL/min，图（c）和图（d）中样品虽然横向尺寸较大，但是纳米片较厚，并且分布杂乱无章。推测这是因为过大的 NH$_3$ 流量会使纳米片增厚，导致样品不符合实验预期。

以上两组实验得到的产物与 100 mL/min NH$_3$ 流量下所得产物相比均较差，说明较大或者过小的 NH$_3$ 流量均不可取，因此接下来在 100 mL/min 附近寻找最佳的 NH$_3$ 流量条件，分别将 NH$_3$ 设定为 90 mL/min 及 110 mL/min。图 4-6（e）

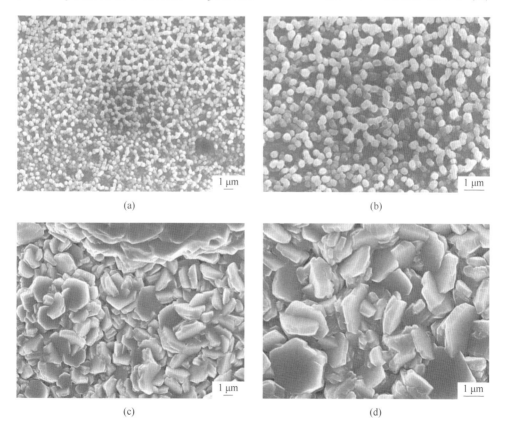

(a)

(b)

(c)

(d)

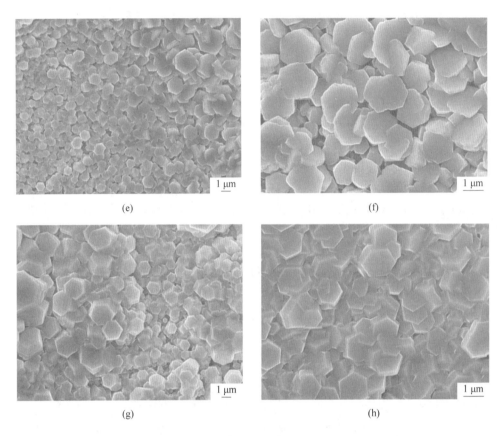

图 4-6 不同 NH₃ 流量、不同放大倍率下所制备的 GaN 纳米片样品 SEM 图

（a）50 mL/min，×5000；（b）50 mL/min，×10000；（c）150 mL/min，×5000；（d）150 mL/min，×10000；（e）90 mL/min，×5000；（f）90 mL/min，×10000；（g）110 mL/min，×5000；（h）110 mL/min，×10000

样品中纳米片较均匀地平铺在钨箔衬底上，致密性较好且表面形貌均匀、无明显缺陷，纳米片在靠近 Ga 源（SEM 图右上方）与钨箔衬底之间的阶梯处比远离 Ga 源处横向尺寸更大。图（f）中可发现纳米片形貌较均匀，表面光滑，基本符合实验预期。图（g）为 Ga 源上的 SEM 图，可见残缺的纳米片黏连在一起，图（h）为靠近 Ga 源的钨箔衬底上的 SEM 图，可见虽然有规则的纳米片，但是纳米片已经层层堆叠在一起，形成了纳米台状结构，并且黏连在一起，不符合实验预期。

通过上述多组对照实验，对比分析最终得到的最佳样品为图 4-6（e）和（f），将该样品记为样品 1。最佳实验条件为：反应温度区间 700~800 ℃、升温速率 10 ℃/min、NH₃ 流量 90 mL/min 并辅以快速降温法，即在升温过程中，Ar 气流量保持为 150 mL/min，700~800 ℃时关闭 Ar 气并通入 90 mL/min NH₃，800 ℃

时迅速关闭 NH_3，并开始通入 Ar 气，在 800 ℃降温至 600 ℃时 Ar 流量设置为 400 mL/min，然后以 150 mL/min 的流量使管式炉降至室温。

为了了解样品 1 的元素组成及晶体结构，接下来，对样品 1 进行 EDS 及 XRD 表征。

4.3.5 EDS 表征分析

由图 4-7 和表 4-3 可以看出，纳米片上的主要元素构成为 N 和 Ga，其中 Ga 元素的含量大于 N 元素，这是因为以金属 Ga 作为反应的 Ga 源，反应结束后，钨箔衬底上仍有过量的金属 Ga 残留。此外，O 与 Cu 也存在于 GaN 纳米片上，O 元素可能是来自于样品表面缺陷处的吸附作用，其次可能源于反应结束后残留的金属 Ga 在空气中被氧化而生成的副产物 Ga_2O_3[3-4]。而出现 Cu 是由于在进行表征分析时，真空腔中的测试台是 Cu 基板。

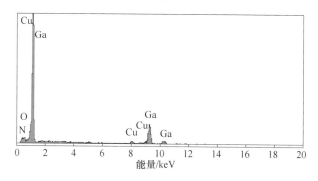

图 4-7 GaN 纳米片的 EDS 谱图

表 4-3 各元素的质量分数和摩尔分数 （%）

元素	质量分数	摩尔分数
N K	12.63	40.71
O K	1.13	3.25
Cu K	3.41	2.41
Ga K	82.83	53.63
总量	100	—

4.3.6 XRD 表征分析

对样品 1 进行了 XRD 表征，其结果如图 4-8 所示。将样品 XRD 图谱中的相关峰位同标准纤锌矿结构 GaN 的 XRD 卡（ICDD-PDF No.50-0792）相比，图 4-8

中的 8 个峰位对应的晶面（100）、（002）、（101）、（102）、（110）、（103）、（112）、（201）是纤锌矿 GaN 的对应晶面。并且（101）面的散射峰强度最大，这说明样品中的 GaN 纳米片更多是沿着该面生长。除了 GaN 纳米片的特征峰外，在 43°出现一个明显的钨杂峰，这是因为实验中选用钨箔作为衬底[3-7]。综上可知，样品 1 是结晶度良好的六方结构的 GaN 纳米片。

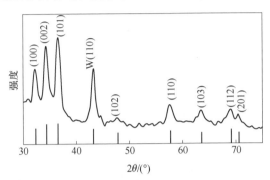

图 4-8　GaN 纳米片样品的 XRD 谱

4.3.7　生长机理分析

本章采用液态金属 Ga 为反应提供 Ga 源，相比于 Ga 的氧化物及化合物等，液态的纯 Ga 在升温时内部原子的热运动更强，反应速率更快。反应保护气体使用纯 Ar 气。使用 NH_3 作为 N 源，相比于之前所报道的使用尿素作为 N 源，NH_3 在管式气氛炉中的浓度及反应时间点更容易控制。因为使用尿素一般是通过控制放置盛放尿素的石英舟与管式炉中心的距离来实现控制尿素的分解时间和分解速率，这样一来尿素的实验放置量、实际反应量、反应时间、反应速率等都无法精确掌控，会对实验造成较大干扰，例如在 Ga 表面已经形成 GaN 薄膜时，过量的 N 源会使下层 Ga 不断反应，纳米片会向三维纳米岛转变。而 NH_3 可以通过开关气阀及调节气流量得到精确控制。使用 0.05 mm×100 mm×100 mm 的钨箔作为反应衬底，钨箔在反应过程中不但充当生长基底的角色，还起到反应催化剂的作用。

GaN 纳米片的生长可以解释如下：在 Ga 源与钨箔衬底之间的阶梯处成核，接着外延生长 GaN 纳米片。生长过程主要涉及以下几个反应：

$$2NH_3(g) \longrightarrow N_2(g) + 3H_2(g) \tag{4-1}$$

$$Ga(g) + NH_3(g) \longrightarrow GaN(s) + H_2(g) \tag{4-2}$$

$$W(g) + NH_3(g) \longrightarrow WN(s) + H_2(g) \tag{4-3}$$

$$WN(g) + Ga(g) \longrightarrow GaN(s) + W(s) \tag{4-4}$$

$$Ga_2O_3(s) + 2NH_3(g) \longrightarrow 2GaN(s) + 3H_2O(g) \tag{4-5}$$

式（4-1）中，NH$_3$在132.4 ℃就会开始分解，830 ℃完全分解。而N$_2$分子中的N—N三重键非常稳定，很难被破坏，但是GaN在1050 ℃就开始分解，所以金属Ga在1050 ℃以下时不会与N$_2$发生直接反应，而是与NH$_3$反应，如式（4-2）所示。式（4-3）及式（4-4）为钨箔充当催化剂时发生的反应。式（4-5）为副产物Ga$_2$O$_3$与NH$_3$反应生成GaN与H$_2$O。上述公式所涉及的反应温度及升温速率等参数已进行详细讨论，最终得到了较符合实验预期的GaN纳米片。

本节采用CVD法，辅以动态温度区间反应法及快速降温法最终得到了形貌良好的GaN纳米片。实验中采用液态金属Ga为反应提供Ga源、NH$_3$作为N源、纯Ar气作为反应保护气体、钨箔作为反应衬底，研究了不同工艺条件（反应温度区间、升温速率及NH$_3$流量）对GaN纳米片的影响。其中，反应温度区间对样品形貌的完整性影响较大；升温速率对样品的生长方向影响较大，速率较高时平铺生长，速率较低时侧立生长；NH$_3$流量对样品的影响主要体现在薄厚程度及均匀性。此外，快速降温法对纳米片形貌有积极影响。最终确定最佳实验条件如下：反应温度区间为700~800 ℃，升温速率为10 ℃/min，NH$_3$流量为90 mL/min，并采用快速降温法。通过SEM表征可知产物为致密性良好、表面光滑、大小薄厚较均匀的六角形纳米片。通过EDS及XRD表征可知此纳米片为结晶度良好的六方结构GaN纳米片。

参 考 文 献

[1] 郑艳鹏. 二维GaN基材料表面修饰及GaN纳米片制备研究 [D]. 西安：西安理工大学，2021.

[2] 赵滨悦. 二维GaN基材料CVD制备与理论研究 [D]. 西安：西安理工大学，2019.

[3] 李付国. 氧化镓外延薄膜生长及特性研究 [D]. 西安：西安电子科技大学，2017.

[4] 邵雨，蔡长龙，杨陈. Ga$_2$O$_3$薄膜的常温磁控溅射制备对其结构及光学特性的影响 [J]. 真空科学与技术学报，2019，39（12）：1096-1101.

[5] SUN C, YANG M, WANG T, et al. Graphene-oxide-assisted synthesis of GaN nanosheets as a new anode material for lithium-ion battery [J]. ACS applied materials & interfaces 2017, 9（32）：26631-26636.

[6] 卢东昱，陈建，周军，等. 氧化钨纳米线结构相变的拉曼光谱研究 [J]. 光散射学报，2006，18（2）：120.

[7] 阮佳倍. 高压下氧化钨纳米粒子的相变与颜色变化研究 [D]. 绵阳：中国工程物理研究院，2018.

5 液态金属催化法和氨化二维氧化镓法制备二维 GaN 纳米片

二维 GaN 及其修饰体系制备的难点还是在于二维 GaN 的制备。纵观二维材料的制备方法，CVD 法具有成本低、可大规模生产的优点，目前 CVD 技术已经比较成熟，相关的生产设备类型众多且应用广泛[1-5]。拟采用两种不同途径的 CVD 方法制备二维 GaN，一种为液态金属催化法，另一种为氨化二维氧化镓法。其中液态金属催化法利用液态镓作为反应物和催化剂来制备二维 GaN，而氨化二维氧化镓法利用 NH_3 氨化二维氧化镓前驱体来实现二维 GaN 的制备。

5.1 实验原料

实验中用到的实验原料及其纯度见表 5-1。

表 5-1 实验原料

标号	实验原料	化学式	纯度
1	镓	Ga	99.999%
2	0.05 mm×100 mm×100 mm 钨片	W	99.95%
3	无水乙醇	C_2H_5OH	分析纯
4	去离子水	H_2O	化学纯
5	氨气	NH_3	99.99%
6	氮气	N_2	99.99%
7	氩气	Ar	99.99%

5.2 实验原理

本章分别采用液态金属催化法和氨化二维氧化镓法制备二维 GaN。

5.2.1 液态金属催化法

化学气相沉积利用气体物质在气相中或基底上表面发生反应，从而形成固体产物沉积在衬底上，其中表面反应占据主要地位，而衬底影响着表面的吸附、分解、扩散、成核和生长等步骤，因此衬底的选择至关重要。在传统的 GaN 薄膜生长中一般利用 SiC、蓝宝石（α-Al$_2$O$_3$）等固体衬底，虽然这些衬底已经最大程度地考虑晶格失配和热膨胀系数失配的问题，但是 GaN 仍然存在着与之失配的问题。固体衬底表面原子受内部原子键合作用被束缚无法移动，而且表面原子排列各向异性、晶体缺陷多且分布随机，这些因素导致在其表面生长的材料成核密度很高、传质缓慢，进而导致得到的材料晶畴小、生长缓慢且层数不均匀。武汉大学化学与分子科学学院的曾梦琪等人发现当金属处于熔融状态时，原子的迁移效应显著、流动性好，液态金属的表面趋于各向同性，这些性质非常有利于生长二维材料[6]。液态金属衬底较传统固体衬底更具有催化活性，液态金属衬底的催化活性表现在提高传质速率、降低包埋异质原子难度，而且液态金属表面有大量自由电子更有利于化学吸附。

该方法采用金属 Ga 同时作为 Ga 源和液态金属催化衬底。由于液态 Ga 不能提供稳定的力学支撑，故采用金属钨片做基底提供一个平面，上面铺上一层 Ga。选择金属钨做基底的一个原因是 Ga 在 SiC、蓝宝石等基底上不浸润，而 Ga 可以在 W 基底上很好的展开，不会像在别的基底上因为表面张力而缩成一个金属液滴；另一个原因是 W 的氮化能力比 Ga 的氮化能力要强，可以夺取溶解在 Ga 中的 N 元素，从而抑制 GaN 层数的增长。纯净的金属 W 在干燥的室温环境下比较稳定，但空气湿度较大时表面会被缓慢氧化，而金属 Ga 表面很容易受到空气中 O$_2$ 的作用在表面产生氧化膜。氧化膜的存在会阻碍 Ga 在 W 基底上很好的铺开，所以铺 Ga 前需要用酸去除 W 基底表面的氧化膜，铺 Ga 过程中需要不断用刮刀捅破液态 Ga 表面的氧化膜使内部的 Ga 浸润 W 的表面。

采用 NH$_3$ 作为 N 源，NH$_3$ 分解产生的 H$_2$ 可以提供一个还原性气氛。不同流量的环境会导致不同的 N 源浓度，从而影响样品的生长。合适的流量可以促进二维 GaN 片状纳米结构的生长。

制备二维 GaN 的过程中主要会发生以下两个反应：

$$2NH_3(g) \longrightarrow N_2(g) + 3H_2(g) \tag{5-1}$$

$$2Ga(l) + 2NH_3(g) \longrightarrow 2GaN(s) + 3H_2(g) \tag{5-2}$$

NH$_3$ 的分解是一个吸热过程，常压环境下于 500 ℃ 便会开始大量分解，在 830 ℃ 时它的平衡转化率可以高达 99.7% 以上，这个分解过程中会有许多中间产物如 NH$_2$、NH 或者原子 N，这些中间产物很不稳定会很快被结合或自身解离或被吸附在衬底上。Ga 与 NH$_3$ 的反应产物 GaN 相对来说则稳定得多，1000 ℃ 常压环境也不会分解。

实验中制备二维 GaN 的实验装置结构示意图如图 5-1 所示，装有 W-Ga 衬底的石英舟被放置在石英炉管内的恒温区，在 900 ~ 1000 ℃ 环境下 Ga 会和 NH_3 发生反应，产生淡黄色或黄色的 GaN。

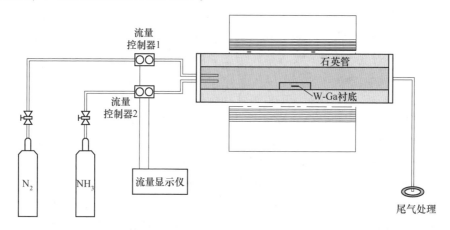

图 5-1 制备二维 GaN 的实验装置结构示意图

5.2.2 氨化二维氧化镓法

氨化二维氧化镓法首先采用氮化钨为衬底，以带有氧化层的液态镓为前驱体，并采用对扣的石英舟将前驱体与部分空气封闭起来，在高温下会生成大量二维氧化镓纳米带。随后利用 NH_3 氨化氧化镓得到二维 GaN。

该方法中氮化钨衬底是用钨衬底与 NH_3 在 1000 ℃ 高温下反应生成的。获得的氮化钨衬底表面粗糙度变大，附有一层黑色沉积，比起在钨片上，液态镓可以更为容易地在氮化钨上铺展开。随后液态镓与封闭的部分气体反应生成氧化镓，由于氧化镓沿着不同的晶向上成键难易程度不一样，因此不同方向上晶体生长速度有所区别，最后会得到纳米带结构。在得到氧化镓纳米带后用 NH_3 与二维氧化镓纳米带反应得到二维 GaN。

5.3 实验步骤

5.3.1 液态金属催化法

由于液态 Ga 没有一个稳定的宏观力学结构，所以需要将其铺展在金属 W 片上。液态 Ga 衬底的处理过程如下：

（1）将纯度 99.99% 的金属 W 片用剪刀切割为 10 mm×5 mm 的长方形；

（2）将切割好的 W 片置于适量无水乙醇中超声 25 min，期间更换两次无水乙醇；

（3）将无水乙醇中超声过的 W 片置于适量去离子水中超声 25 min，期间更换两次去离子水；

（4）将离子水中超声过的 W 片置于石英舟中然后推入气氛炉，用 N_2 完全排出气氛炉中的空气，然后于 120 ℃ 环境下通入 15 min 流量为 500 mL/min 的 N_2 使 W 片干燥；

（5）用热水隔试剂瓶加热金属 Ga 使其熔化，然后用电子天平称取一定质量的液态 Ga 置于干燥过的 W 片上；

（6）将放有 Ga 的 W 片置于玻璃片上，下方用热水加热，用干净的刮刀捅破液态 Ga 表面的氧化膜使内部的 Ga 浸润 W 的表面，重复该过程直至 W 片上表面被 Ga 涂满。

不同质量的 Ga 涂满 W 片后表面粗糙度有肉眼可见的差别，较少的 Ga 展现出略有粗糙的外观，而较多的 Ga 会展现出类似镜面的光洁金属外观，并在 W 片边角处向 W 片弯曲，这些现象暗示了液态 Ga 有较高的表面张力。处理好的 Ga 衬底在气温较高的夏天会保持液相，而在气温较低的冬天，则会表现出一定的过冷性质，在受到撞击或用镊子夹起涂满 Ga 的 W 片时，Ga 会从撞击点或镊子着力点处开始凝固并迅速扩展到整个 Ga 衬底，凝固的 Ga 光洁度较差，颜色为银灰色。在日光环境下，随着凝固的扩展会有蓝-紫色反光带一起扩展，这可能是由于凝固行为在导热率更高、凝固核更多的 W 表面发生得更快，而在空气表面则慢一些，这导致液态 Ga 的厚度随着凝固的扩展会有变化，进而其反射蓝-紫光的能力也会变化。

不论是液态的 Ga 衬底还是凝固的 Ga 衬底，在进入反应过程后都会融化成为液态金属衬底，反应生长的实验操作过程如下：

（1）将处理好的衬底平放在石英舟中部，将石英舟缓慢平稳地推入气氛炉的炉管内直至中部恒温区；

（2）用 N_2 完全排出气氛炉中的空气，然后设定实验温度曲线并启动气氛炉；

（3）按照预设的实验条件通入指定流量的 N_2、NH_3，反应结束后等待炉内温度降至室温取出样品。

在取出样品后可以发现 W 片明显变脆，其上有白色、淡黄色或黄色粉末附着。W 片变脆是由于 W 片被氮化其力学性能发生明显改变。GaN 由于形貌不同导致反射光的能力不同。

5.3.2 氨化二维氧化镓法

氨化二维氧化镓法采用氮化钨为衬底，因此需要先获得氮化钨，实验操作过程如下：

（1）将处理好的钨衬底平放在石英舟中部，将石英舟缓慢平稳地推入气氛炉的炉管内直至中部恒温区；

（2）用氩气完全排出气氛炉中的空气，然后设定实验温度曲线并启动气氛炉；

（3）按照预设的实验条件通入指定流量的 NH_3，反应结束后待炉内温度降至室温取出样品。

实验结束后得到黑色的氮化钨衬底，接着利用液态镓与氧气反应获得氧化镓作为制备 GaN 的前驱体，这一步实验操作过程如下：

（1）在获得的氮化钨衬底上铺展一层金属镓；

（2）将处理好的衬底平放在石英舟中部，利用另一个石英舟对扣将衬底封闭起来，然后缓慢平稳地推入气氛炉的炉管内直至中部恒温区；

（3）用氩气完全排出气氛炉中的空气，然后设定实验温度曲线并启动气氛炉，反应结束后等待炉内温度降至室温取出样品。

反应结束后在衬底上得到大量白色晶体，肉眼可见大量白色晶须。随后利用 NH_3 氨化氧化镓，实验操作过程如下：

（1）将获得的氧化镓纳米带放在石英舟中部，将石英舟缓慢平稳地推入气氛炉的炉管内直至中部恒温区；

（2）用氩气完全排出气氛炉中的空气，然后设定实验温度曲线并启动气氛炉；

（3）按照预设的实验条件通入指定流量的 NH_3，反应结束后等待炉内温度降至室温取出样品。

5.4 实验结果与讨论——液态金属催化法

在 CVD 法制备二维 GaN 的过程中 NH_3 气流量、反应时间、反应温度及 Ga 层厚度都会对最终产物 GaN 的形貌产生影响。为了获取制备二维 GaN 的最佳制备工艺参数，采用控制变量法分别研究不同 Ga 层厚度、不同反应时间和不同 NH_3 流量对 CVD 法制备二维 GaN 的影响。反应温度对二维 GaN 形貌的影响已有文献做出了充分的研究，在多次实验验证其结论的正确性后我们选择 980 ℃ 作为生长二维 GaN 的最佳温度。NH_3 流量和反应时间对二维 GaN 形貌的影响前人也有过研究，我们进行更多条件下的实验。

5.4.1 NH₃流量对 GaN 形貌的影响

为了探索 NH_3 流量对二维 GaN 形貌的影响，设定反应温度为 980 ℃，反应时间为 30 min，Ga 层厚度为 10 μm，而 NH_3 流量分别为 200 mL/min、100 mL/min、

60 mL/min、40 mL/min。在实验的反应过程中 NH₃ 提供了 N 源，也分解出 H₂ 提供了一个还原性气氛，其流量参数对生长的 GaN 形貌有着很大的影响。图 5-2 所示是 200 mL/min 氨气流量条件下生长的 GaN 形貌，可以看出，其上有微米级的结晶颗粒，表面形貌不均匀。图 5-3 所示是 100 mL/min 氨气流量下生长的 GaN 形貌，可以看出相比于 200 mL/min 氨气流量条件其表面生长更均匀。图 5-4 所示是 60 mL/min 氨气流量下生长的 GaN 形貌，可以看出相比于高氨气流量条件虽然其表面也出现了微米级的结晶颗粒，但也生长了大面积的纳米结构，可见低浓度的 N 源有利于 GaN 生长的自限。图 5-5 所示是 40 mL/min 氨气流量下生长的 GaN 形貌，可以看出微米级的结晶颗粒消失了，整体形貌比较均为，且都是纳米结构。

(a)   (b)

图 5-2　200 mL/min 氨气流量下 GaN 的 SEM 图像

（a）×3000；（b）×15000

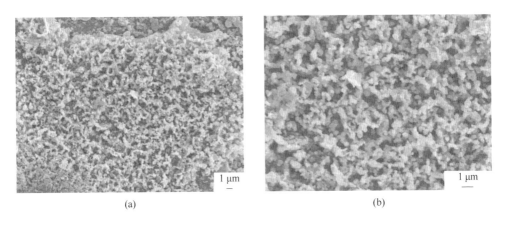

(a)   (b)

图 5-3　100 mL/min 氨气流量下 GaN 的 SEM 图像

（a）×3000；（b）×6000

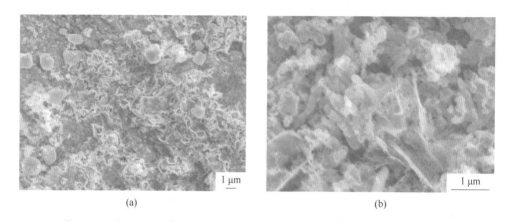

(a)　　　　　　　　　　　　　　　　(b)

图 5-4　60 mL／min 氨气流量下 GaN 的 SEM 图像

（a）×6000；（b）×20000

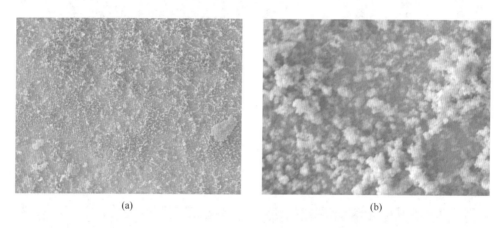

(a)　　　　　　　　　　　　　　　　(b)

图 5-5　40 mL／min 氨气流量下 GaN 的 SEM 图像

（a）×3000；（b）×6000

比较几个条件可以看出，氨气流量参数对生长的 GaN 形貌有着很大的影响，高的氨气流量使 GaN 的整体生长结构尺寸较大，会有大的结晶颗粒。这是由于氨气流量过高导致 GaN 在 Ga 表面成核后生长速度过快难以自限，进而凝聚成块不断增大，这时液态 Ga 传质快的特点导致 GaN 凝聚加快，出现大的结晶颗粒。而随着氨气流量变低，GaN 的整体生长结构尺寸变小，内部变得较为松散。这是由于低的氨气流量条件下 GaN 生长较慢，先生长的成核位点不会快速扩大吞并附近成核位点成为大的核，而是所有位点一起生长，因而具有较小的结构尺寸。

5.4.2 反应时间对 GaN 形貌的影响

为了探索反应时间对二维 GaN 形貌的影响，我们设定反应温度为 980 ℃，氨气流量为 40 mL/min，Ga 层厚度为 10 μm，而反应时间分别为 30 min、60 min、90 min。图 5-5 所示是反应时间为 30 min 的 GaN 形貌。图 5-7 所示是反应时间为 60 min 的 GaN 形貌，该条件下长出了二维 GaN 纳米片，可以看出二维 GaN 纳米片很薄且大部分都是垂直于衬底生长的，在二维 GaN 纳米片下方是黏连在一起的纳米颗粒，这些黏连结构较为松散有很多孔。图 5-6 所示是反应时间为 90 min 的 GaN 形貌，该条件下长出了许多半开口的纳米管。

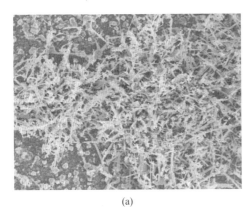 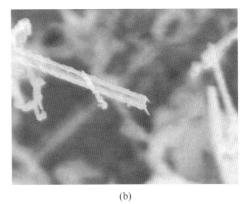

(a) (b)

图 5-6 反应时间 90 min 的 SEM 图像

（a）×3000；（b）×20000

比较几个条件可以看出，反应时间会影响 GaN 形貌，在反应温度为 980 ℃、氨气流量为 40 mL/min、Ga 层厚度为 10 μm、反应时间为 60 min 的条件下可以获得 GaN 纳米片。在 30 min 条件下未得到二维 GaN，而 60 min 条件下得到了二维 GaN，可以看出 GaN 是在 30~60 min 这个时间段内生长的。前期衬底表面 Ga 源充足，在低氨气流量条件下会形成许多成核位点并进一步生长出纳米结构的 GaN，这些纳米结构的 GaN 会自下往上生长，生长机制为 VLS。离开液态 Ga 的部分因为传质缓慢生长速度会大幅减缓，其生长以捕获气相反应产生的 GaN 为主，该状态下生长速度很慢，GaN 分子被纳米结构头部（001）面捕获后有足够的时间择优选择迁移到表面边沿处，并且沿着平行于（001）面的方向不断长大形成纳米片。这一过程会使得纳米结构头部的（001）面增大，更容易捕获气相 GaN 分子，从而形成一个正反馈。如果纳米结构头部的（001）面垂直于衬底，那么这个正反馈就可以持续下去；但如果纳米结构头部的（001）面平行于衬底，那么纳米片的生长就会阻碍 Ga 原子与 NH₃的接触，造成正反馈过程消失，纳米

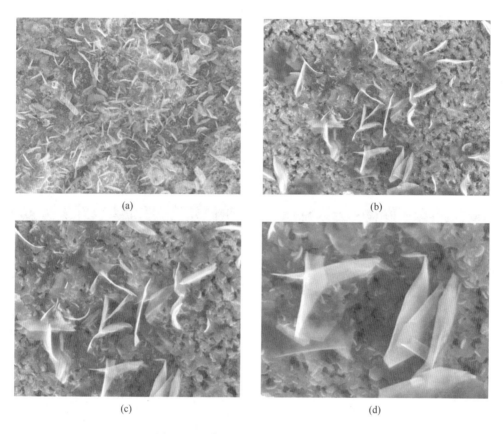

(a)　　　　　　　　　　　　　　　(b)

(c)　　　　　　　　　　　　　　　(d)

图 5-7　反应时间 60 min 的 SEM 图像

（a）×3000；（b）×10000；（c）×12000；（d）×30000

片生长停滞。在 90 min 条件下未得到二维 GaN，这可能是由于纳米片的进一步生长变大会导致表面吸附的 GaN 迁移到表面边沿处所需的距离越来越远，纳米片便会变厚弯曲生长为其他形貌。

5.4.3 Ga 层厚度对 GaN 形貌的影响

为了探索 Ga 层厚度对二维 GaN 形貌的影响，设定了两组对比实验。第一组反应温度为 980 ℃，氨气流量为 40 mL/min，反应时间为 90 min，而 Ga 层厚度分别为 10 μm、30 μm。第二组反应温度为 980 ℃，氨气流量为 40 mL/min，反应时间为 30 min，而 Ga 层厚度分别为 10 μm、30 μm。图 5-6 为第一组 Ga 层厚度为 10 μm 条件下所得产物形貌。图 5-8 为第一组 Ga 层厚度 30 μm 条件所得产物形貌，可以看出产物中有大量的亚微米管及一些亚微米带。图 5-5 为第二组 Ga 层厚度为 10 μm 条件下所得产物形貌。图 5-9 为第二组 Ga 层厚度 30 μm 条件所得产物形貌，可以看出产物中有大量的纳米带。

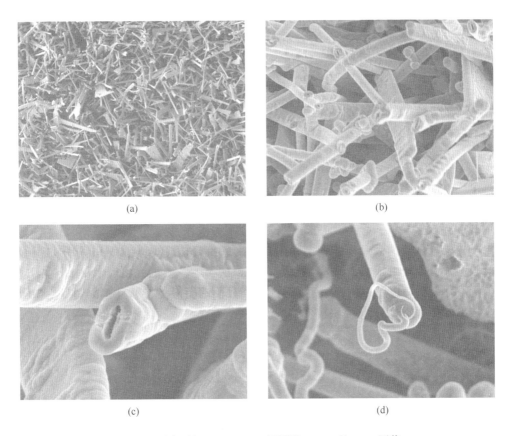

图 5-8 反应时间 90 min、Ga 层厚度 30 μm 的 SEM 图像

(a) ×3000；(b) ×10000；(c)(d) ×20000

图 5-9 反应时间 30 min、Ga 层厚度 30 μm 的 SEM 图像

(a) ×850；(b) ×1200

比较几个条件可以看出，大量的 Ga 会促进产物沿某一晶轴方向快速生长，这是由于大量的 Ga 使 GaN 在长时间里都按自下往上的 VLS 生长方式生长。

综上，可以发现 NH_3 气流量、反应时间及 Ga 层厚度都会对最终产物 GaN 的形貌产生重大影响。在 50 mg 金属 Ga 铺满 10 mm×5 mm 的 W 片上，在 980 ℃环境下，40 mL/min 的 NH_3 流量条件下反应 60 min 可以获得形貌较好的 GaN 纳米片。

5.4.4 二维氮化镓的 XRD 表征

对制备的二维 GaN 做 XRD 表征，并利用 Jade 软件对得到的数据进行处理，标准卡片库为 PDF-2004。图 5-10 为 Jade 软件指认的物相，可以看出反应生成的纳米片为 GaN 晶体。XRD 测试实验中产生 X 射线用的靶材为钨，钨靶产生的 X 射线的穿透深度对于不同材料来说不一样，但一般在 10 μm 量级。二维纳米材料由于纵向堆积较少会使该方向的衍射角展宽，且峰值降低。图 5-10 中钨的衍射峰很高一方面是由于 GaN 没有完全包裹钨衬底，另一方面是由于 X 射线的穿透能力相对较强，以及 GaN 较薄。而（002）晶面的衍射峰较低且有所展宽意味着生成的 GaN 纳米片纵向堆积较少，这说明制备的 GaN 较薄。

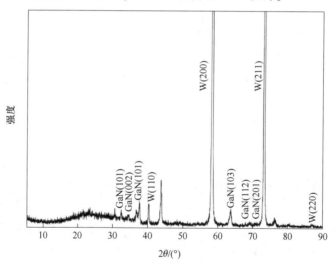

图 5-10 二维 GaN 纳米片的 XRD 谱

5.5 实验结果与讨论——氨化二维氧化镓法

5.5.1 不同反应温度对氧化镓前驱体形貌的影响

氨化二维氧化镓法制备二维 GaN 的过程中要先获得二维氧化镓，实验分别研究了 600 ℃和 980 ℃两种情况下的反应生成物。

由图 5-11 可以看出，大量的 Ga 没有发生反应，在某些位置产生了空洞，并在空洞表面生成了极薄的纳米层，图 5-11 中的纳米层的裂痕是在 SEM 扫描过程中被扫描电子击打破裂而成的，足可以见纳米层的厚度很薄。

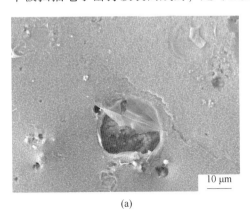
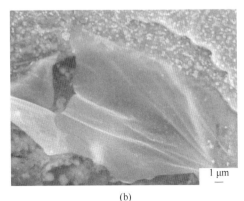

(a)   (b)

图 5-11 反应温度 600 ℃的 SEM 图像

(a) ×1300；(b) ×5000

由图 5-12 可以看出，反应生成了大量二维纳米带，其中较大的纳米带横向尺寸大于 50 μm，纵向尺寸大于 300 μm。根据周期键链理论，晶体在不同晶相上成键的键合能不同会导致不同晶相方向的生长速度也有差别，样品氧化镓沿着纵向长得尺寸大，说明该方向活性更大更容易成键。

(a)   (b)

图 5-12 反应温度 980 ℃的 SEM 图像

(a) ×850；(b) ×1200

5.5.2 不同氨气流量对氮化镓形貌的影响

在获得了二维氧化镓纳米带后，利用 NH_3 氨化便可得到二维 GaN，实验分别研究了 50 mL/min 和 100 mL/min 两种情况下的反应生成物，其 SEM 图像分别如图 5-13 和图 5-14 所示。

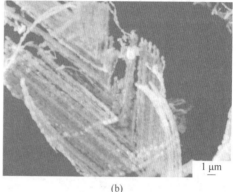

(a)　　　　　　　　　　　　　　　(b)

图 5-13　50 mL/min 氨气流量下的 SEM 图像

（a）×1700；（b）×4000

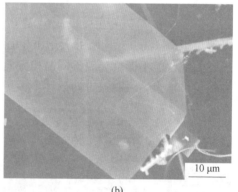

(a)　　　　　　　　　　　　　　　(b)

图 5-14　100 mL/min 氨气流量下的 SEM 图像

（a）×400；（b）×1900

由图 5-13 可以看出，得到了网状纳米结构，未能形成完整的纳米片状结构。由图 5-14 可以看出，得到了片状纳米结构，结构边界有清晰的六角结构，边界角度符合六方闪锌矿结构氮化镓的晶体结构。对比可以看出氨气流量大小会影响氨化转变的过程，低流量的氨气会导致反应不充分不能形成完整的纳米片状结构，而高流量的氨气可以促使氧化镓转变为氮化镓。

5.5.3　二维氧化镓的 EDS 表征

对制备的二维氧化镓前驱体做 EDS 表征，由图 5-15（a）可知，生成物只包含 Ga 原子和 O 原子,图 5-15(b)为 980 ℃条件下生成物的 EDS 图谱,图 5-15(c)和(d)分别为 600 ℃、980 ℃条件下 EDS 图谱表征结果,可见生成物也只包含 Ga 原子和 O 原子。由于 EDS 是通过加速后的电子撞击材料表面,使材料表面原子产生韧致辐射进而测量辐射的 X 射线强度及谱图来判断材料包含的元素及其含量的,故而也只能判断出材料包含的元素。EDS 表征结果说明生成的纳米薄膜是氧化镓,对于晶体结构需要进一步的实验来判断。

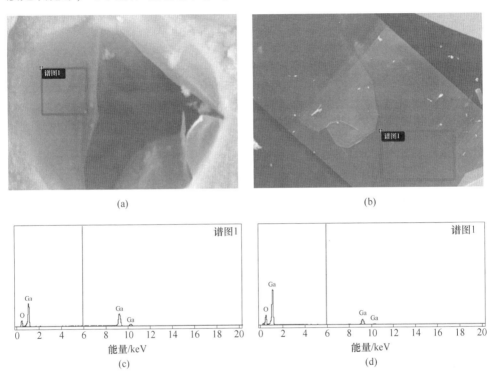

图 5-15　不同温度生成物的 EDS 图像

(a) 600 ℃;(b) 980 ℃;(c) 600 ℃下 EDS 图谱;(d) 980 ℃下 EDS 图谱

5.5.4　二维氧化镓的 XRD 表征

对 980 ℃条件下制备的二维氧化镓前驱体做 XRD 表征,结果表明反应生成的纳米片为单斜结构的 β-Ga$_2$O$_3$,属于 $C2/m$ 点群,图 5-16 为 Jade 软件指认的物相。仔细观察样品衍射峰与标准 PDF 卡片的对比可以看出衍射峰整体右移了约 0.2°,这是由于仪器校准过程是以样品下底面为准的,而生成的纳米带尺度较大使样品上表面高于标准位置,从而导致衍射峰整体右移。另外图 5-16 中衍射峰都较为尖锐,这说明制备的二维氧化镓纳米带为多层结构,堆积现象较为明显,但其堆积厚度还需要进一步表征求证。

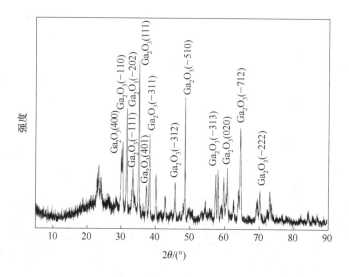

图 5-16 二维氧化镓纳米带的 XRD 谱

5.5.5 二维氮化镓的 EDS 表征

对氨化二维氧化镓法制备的二维 GaN 做 EDS 表征，图 5-17 为氨化二维氧化镓法制备的二维 GaN 的 EDS 图谱，可以看出纳米片中包含 N 原子和 Ga 原子。由于 EDS 是通过电子轰击样品表面原子使其发射 X 射线并收集不同波长的 X 射线来实现对样品的表征的，因此 EDS 结果只能说明该纳米片有可能是 GaN，需要对晶体结构进一步实验判断。

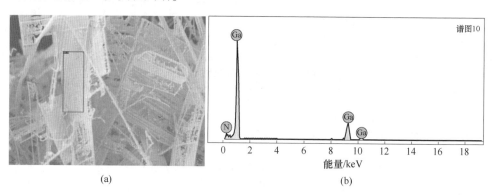

(a)　　　　　　　　　　　　　(b)

图 5-17 二维 GaN 的 SEM 图 (a) 及 EDS 图谱 (b)

5.5.6 二维氮化镓的 XRD 表征

对氨化二维氧化镓法制备的二维 GaN 做 XRD 表征，图 5-18 为 Jade 软件指认的物相，可以看出 XRD 中接收到的峰既有 Ga_2O_3 的特征峰也有 GaN 的特征峰。其中 GaN 的峰以（101）晶面和（100）晶面的衍射峰为最高，这说明生成的 GaN 这两个晶面暴露更多，由于在 SEM 图像中看到的产物为纳米片，而纳米片状结构使其纵向暴露要比横向暴露大很多，所以其生长方向可能为（101）晶面和（100）晶面，但进一步的证实需要高倍率的 TEM 表征来支持。XRD 的结果表明了氨化反应使部分 Ga_2O_3 转变为 GaN 晶体。

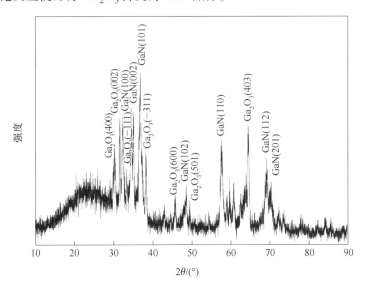

图 5-18　二维 GaN 的 XRD 谱

本章分别通过液态金属催化法和氨化二维氧化镓法成功制备出了二维 GaN 纳米片。在液态金属催化法中分别研究了不同 Ga 层厚度、不同反应时间和不同 NH_3 流量对制备的二维 GaN 形貌的影响，发现较高的 NH_3 流量会导致 GaN 生长出大的结晶颗粒，而较低的氨气流量可以避免此问题。反应时间也会影响 GaN 的生长，二维 GaN 只在某一时间段出现，过短的反应时间导致不能形成二维 GaN，反应时间过长又会形成 GaN 纳米管。Ga 层厚度过大会导致 VLS 生长占主要地位，产物多为纳米带、纳米管等。制备二维 GaN 的最佳工艺参数如下：Ga 层厚度为 10 μm，反应温度为 980 ℃，NH_3 气流量为 40 mL/min，反应时间为 60 min。在氨化二维氧化镓法中分别研究了不同反应温度下氧化镓前驱体的形貌，以及不同氨气流量下 GaN 的形貌，并对生成物做了 EDS 和 XRD 表征，证明了前驱体为 Ga_2O_3，氨化后 Ga_2O_3 转变为 GaN。

参 考 文 献

［1］ZHANG L, LI X, SHAO Y, et al. Improving the quality of GaN crystals by using graphene or hexagonal boron nitride nanosheets substrate［J］. ACS Applied Materials & Interfaces. 2015，7 （8）：4504-4510.

［2］ YANG P，YANG H，WU Z，et al. Large-area monolayer MoS$_2$ nanosheets on GaN substrates for light-emitting diodes and valley-spin electronic devices ［J］. ACS Applied Nano Materials. 2021，4 （11）：12127-12136.

［3］ ZHANG G，CHEN L，WANG L，et al. Subnanometer-thick 2D GaN film with a large bandgap synthesized by plasma enhanced chemical vapor deposition ［J］. Journal of Materials Chemistry A. 2022，10 （8）：4053-4059.

［4］ WU K，HUANG S，WANG W，et al. Recent progress in Ⅲ-nitride nanosheets：Properties，materials and applications ［ J ］. Semiconductor Science and Technology. 2021，36 （12）：123002.

［5］ ZHU W，SI J，ZHANG L，et al. Growth of GaN on monolayer hexagonal boron nitride by chemical vapor deposition for ultraviolet photodetectors ［J］. Semiconductor Science and Technology. 2020，35 （12）：125025.

［6］ IMRAN M，HUSSAIN F，RASHID M，et al. Comparison of electronic and optical properties of gan monolayer and bulk structure：A first principle study ［J］. Surface Review and Letters，2016，23 （4）：1650026.

6 工艺条件对二维 GaN 纳米材料的影响

6.1 实验方案

采用化学气相沉积法在水平管式恒温炉中制备二维 GaN 纳米材料，生长示意图如图 6-1 所示[1-2]。首先，在钨衬底表面铺一层均匀的液态镓作为液态基底催化剂。采用液态金属作为基底催化剂，主要是由于其表面并不存在晶界，流动性强，而且非常均匀，优于固态基底催化剂[1]。GaN 二维纳米材料生长遵循表面反应生长机制，液态镓既作为基底催化剂同时也是 Ga 源，NH_3 作为反应源前驱体，最终合成二维 GaN 纳米材料。

图 6-1　二维 GaN 纳米材料生长示意图

6.1.1 衬底的预处理

与三维块体材料相比，二维纳米材料一般都会选择在衬底上生长。而由于金属衬底与二维材料具有较强的相互作用，一般二维材料会选在金属衬底上合成[3]。钨的熔点为 3410 ℃，具有耐高温、稳定、常温下不受空气侵蚀等优点，相比于其他昂贵的金属箔，钨的价格适中，可节约成本。此外，钨衬底与使用的液态基底液态镓浸润性良好，易在钨衬底上展开，因此实验选用钨作为衬底。在本章实验中，W 衬底的处理包括 W 片的切割、清洗及在 W 片表面铺展液态金属催化剂 Ga 3 个步骤如下。

（1）衬底切割：使用剪刀或金刚石笔将钨箔切割成规格为 10 mm×10 mm、厚度为 0.05 mm 的正方形钨片。

（2）衬底清洁：

1）把钨箔放入 6 mL 的乙醇溶液中，再使用超声波清洗器保持 10 min，重复 2~3 次；

2）再倒入适量的去离子水，再次使用超声波清洗器保持 10 min，重复 2~3 次即可得到洁净的衬底；

3）最后将钨箔置于干燥箱中对其进行干燥处理，在 100 ℃下干燥 15 min。

（3）液态金属基底催化剂的准备：实验采用液态镓作为金属基底催化剂。镓是淡蓝色的固态金属，熔点为 29.76 ℃，沸点为 2403 ℃，在熔点时会变为银白色的液体。空气中 Ga 非常容易氧化，加热到 500 ℃时会着火。此外，液态的 Ga 几乎能润湿大部分物质的表面，保持良好的浸润性。由于 Ga 在空气中易氧化，当温度达到熔点时，表面的氧化膜会阻碍液态镓在钨箔上的铺展。因此使用机械方法将镓球铺展在钨箔上。保持室内温度高于 29.76 ℃，取 1 mg Ga 的小滴放置在钨箔上，使用洁净的金属刮片将 Ga 的液滴均匀地铺开在 10mm×10mm 的正方形钨箔表面。图 6-2 为液态金属 Ga 基底催化剂表征的 SEM 图。

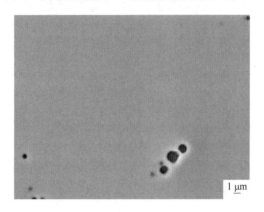

图 6-2 液态金属 Ga 基底催化剂表征

6.1.2 生长二维 GaN 纳米材料

生长二维 GaN 纳米材料的具体实验装置如图 6-3 所示。考虑到选取的液态基底催化剂为 Ga，所以金属 Ga 既作为基底催化剂又提供 Ga 源，使用电子天平称取 1 mg 的金属 Ga 并均匀地将其铺展在经过预处理后的衬底 W 上，将处理好的 W-Ga 基底放置于石英舟中间，再将石英舟推入水平管式炉恒温区中央，氨气提供氮源，在规格为 0.05 mm×10 mm×10 mm 的衬底 W 上自下而上地生长二维 GaN 纳米材料。具体实验操作过程为：通入 Ar 气排除管内多余的空气，并持续通入 Ar 气以保持炉管中的稳定惰性环境以防 W-Ga 基底被氧化。升温速率为 10 ℃/min，待温度升高至 980 ℃时开始通入 60 mL/min 的氨气，GaN 纳米材料开始生长，并保持 60 min，生长完成后关闭氨气流量控制器，待温度降低至 750 ℃时保持 20 min，这是为了防止温度骤降导致的纳米材料断裂。最后待温度到达室温后取出制备的 GaN 样品，在钨衬底表面发现有淡黄色的产物生成。

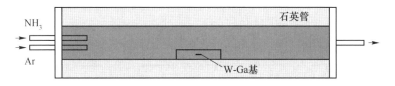

图 6-3　水平管式恒温炉实验示意图

6.2　实验材料

制备二维 GaN 纳米材料所需材料见表 6-1。

表 6-1　实验材料

实验材料	化学式	纯度
氧化镓	Ga_2O_3	99.9999%
氨气	NH_3	99.99%
氩气	Ar	99.99%
液态镓	Ga	99.999%
乙醇	C_2H_5OH	AR
去离子水	H_2O	CP
0.05 mm×100 mm×100 mm 钨片	W	99.9999%

6.3　实验设备

制备与表征二维 GaN 纳米材料所用实验设备见表 6-2。

表 6-2　实验设备

设备名称	厂商	型号
干燥箱	沈阳市节能电炉公司	RJM-28-10
超声波清洗仪	济宁天华超声电子仪器有限公司	TH-300BC
电子天平	深圳市西恩威电子有限公司	50g/0.001g 250ct×0.005ct
水平管式气氛炉	湘潭市三星仪器有限公司	S60-4-14
扫描电子显微镜	日本电子株式会社	JSM-6700F
X 射线衍射仪	日本岛津公司	XRD-6100
拉曼光谱仪	法国 HORIBA	LabRAM HR Evolution

6.4　实验原理

6.4.1　液态金属基底催化剂

在 CVD 工艺中，催化基底起着至关重要的作用。CVD 法通过控制表面反应，对材料进行吸附扩散和分解，最终生长成核。在此过程中材料的沉积速率由 PECVD 的控制而改变，并且决定着最终样品的质量和前驱体热解效率。刚性基底是生长二维 GaN 或其他二维纳米材料最常用的制备基底，但是由于表面晶体随机分布并且存在缺陷，扩散受质点边界束缚限制、原子各向异性等不足，制备的二维纳米材料存在高密度并且成核随机、组分不均匀、生长效率极低的缺陷。因此，有研究提出采用在液态金属催化剂表面生长二维材料这一新思路[1]。对于熔融状态下的金属，其内部原子热运动剧烈，传热效率极高，原子具有各向同性且空位较多，有利于其他原子的包埋，具有传质速率高等优异的特性[2]。当在液态金属表面生长二维纳米材料时，这些优势使得材料生长得更快，晶粒拼接得更加平滑，并且能够实现自限制的层数生长。此外，液态金属表面存在许多宽移动范围的自由电子，这些自由电子的存在使得分子共价键在化学吸附过程中的形成更为简单，从而催化活性也变得更高。

另外，催化活化可以在金属接触反应物时通过改变金属氧化态，或者是形成低反应能通道的中间体来实现。参与反应的原子轨道根据不同催化剂的电子排布而异，可能是外层的 s 轨道（如 Cu）和 p 轨道（如 Ga），也可能是部分填充的 d 轨道（如 Ni、Fe、Ir）[1]。因此本章实验采用 Ga 作为液态金属催化剂及提供 Ga 源，以此生长二维 GaN 纳米材料。

6.4.2　生长二维 GaN 纳米材料

Redwing 和 Robinson 等人通过石墨烯封装层合成了具有纳米级别的 2D GaN，但在分离其两个构成组分方面遇到了困难。因此，2D GaN 的合成对探索其固有物理、化学性质提出了更高的要求[4]。本章的实验制备中二维 GaN 纳米材料属于表面反应，液态 Ga 原子具有的优秀流动性可以使二维纳米材料在生长时具有更均匀的表面和更低的成核密度，液态 Ga 的成核密度是其固态的十分之一，约为 $1/1000 \ \text{mm}^2$[1]。在生长期间，液态 Ga 表面结合 N 原子成核并形成二维 GaN 纳米片。由于液态镓提供了反应的 Ga 源，而过多的 Ga 源会导致生长出的 GaN 充分地与氨气反应，形成较大的 GaN 结块。因此，本章不考虑其他 Ga 源参与反应。

在实验过程中，液态金属基底催化剂的 Ga 膜用作生长 2D GaN 的模板，N 源作为气体前驱体在载气作用下到达 W-Ga 基底的表面，吸附在催化剂液态 Ga 的表面并与其发生化学反应生成 GaN。此外，由于 W 原子的氮化能力比 Ga 原子更强（WN（−121 kJ/mol）的吉布斯自由能低于 GaN（−18 kJ/mol）），表面下的 W 原子可以更容易地捕获 N 原子优先形成 W—N 键[4]，从而限制最外表面层中 Ga 原子的氮化反应以防止二维 GaN 的增厚，因此，可以实现二维 GaN 在熔融系统表面上的受限生长行为。涉及反应方程有：

$$2NH_3(g) \xrightarrow{850\,℃} N_2(g) + 3H_2(g) \tag{6-1}$$

$$Ga(g) + NH_3(g) \xrightarrow{>800\,℃} GaN(s) + H_2(g) \tag{6-2}$$

$$W(g) + NH_3(g) \xrightarrow{>800\,℃} WN(s) + H_2(g) \tag{6-3}$$

6.5 结果与讨论

实验方案采用控制变量法，分别从生长温度、氨气流量、反应时间 3 个方面来研究生长二维 GaN 纳米材料的最佳条件。将所获得的产物对其进行扫描电子显微镜（SEM）测试表征，可获得二维纳米材料的形貌等信息。扫描电子显微镜简称扫描电镜，由电子源、电磁透镜和探测器组成。

6.5.1 生长温度对二维 GaN 纳米材料形貌的影响

GaN 在大于 1000 ℃ 的温度下会发生分解反应，结合多次实践经验并且考虑避免高温抑制产物生长这一因素，选择在 960～1000 ℃ 的温度范围内进行二维 GaN 纳米材料的生长。具体生长条件见表 6-3，采用控制变量法，设定生长时间、NH₃ 气流量值固定，选择 960 ℃、980 ℃、1000 ℃ 3 种不同生长温度参数，分别得到样品 A、B、C。对样品分别进行 SEM 表征测试，研究生长温度对样品形貌的影响，探索最佳生长工艺参数。

表 6-3 生长温度对 2D GaN 纳米材料形貌的影响

编号	生长温度/℃	反应时间/min	NH₃ 流量/mL·min⁻¹
A	960		
B	980	30	100
C	1000		

样品 A 为生长温度在 960 ℃ 所制备的二维 GaN 纳米材料，其 SEM 表征如图 6-4 所示。由图 6-4（a）可知，温度为 960 ℃ 时合成的 GaN 既有纳米线形貌，也有较大的棒状和块状产物，说明该反应条件下二维材料的形貌未能有效形成。经过研究讨论，认为可能是由于生长温度较低，N 源沉积驱动力不足且扩散速率较

差，在液态 Ga 表面的反应不充分。另外，N 原子在到达液态 Ga 表面之前可能已经提前反应合成 GaN，导致 GaN 结晶质量较差，故产生三维或一维的 GaN 形貌，无法形成二维材料形貌。

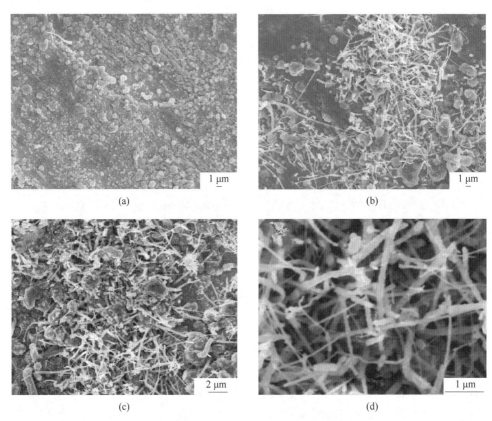

图 6-4　不同放大倍数下样品 A 的 SEM 图

（a）（b）×3000；（c）×6000；（d）×20000

样品 B 为生长温度在 980 ℃时所制备的二维 GaN 纳米材料，其 SEM 表征如图 6-5 所示。与样品 A 的 SEM 表征图相比，样品 B 中大的块状和棒状结构消失，并生成较厚的片状产物。分析认为温度升高会导致液态基底表面蒸气压增大，Ga 原子能够更好地扩散移动，产物形貌较为统一，致密度提高。通过观察图 6-5（c）和（d）可知，虽然未看到二维 GaN 纳米结构的形貌，但 GaN 产物形貌类似厚的片状，说明设定 980 ℃的生长温度可能适合生长二维 GaN 纳米材料。

样品 C 为生长温度在 1000 ℃时所制备的二维 GaN 纳米材料，其 SEM 表征如图 6-6 所示。由图 6-6（a）和（b）可知，虽然产物分布较为均匀并且形貌统一，却仍然是块状形貌，并且部分结块连接形成三维薄膜材料。经过讨论与分析，认

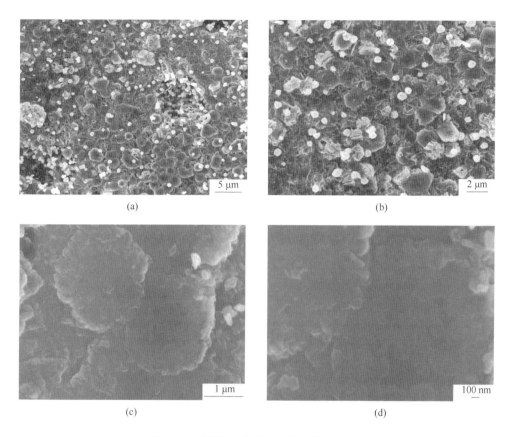

图 6-5　不同放大倍数下样品 B 的 SEM 图

（a）×3000；（b）×6000；（c）×20000；（d）×40000

为当生长温度为 1000 ℃时可能过高，首先高温下分子较活跃导致 Ga—N 键可能发生断裂，影响结晶的质量；其次基底的液态 Ga 在高温下容易发生团聚效应，这会导致成核面积增加出现结块现象。

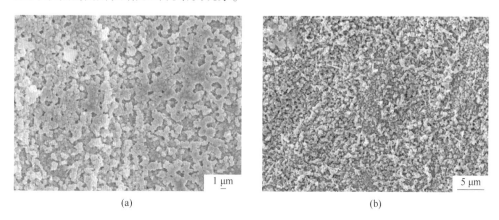

（a）　　　　　　　　　　　　　　　　　　　（b）

(c)   (d)

图 6-6 不同放大倍数下样品 C 的 SEM 图

(a) (b) ×3000; (c) ×6000; (d) ×20000

综上所述，最佳生长温度应确定在 980 ℃，此时原子扩散、迁移较为合理，在该条件下可能会形成二维 GaN 纳米结构。当生长温度为 960 ℃时，扩散速率和沉积驱动力较差，导致 GaN 生成物不均匀且块状较大，难以形成二维纳米材料；而当生长温度为 1000 ℃时，GaN 分子在高温下较为活跃易发生断键，并且液态基底容易发生团聚效应，导致产物结晶质量较差。

6.5.2 氨气流量对二维 GaN 纳米材料形貌的影响

设定生长温度、生长时间不变，研究氨气流量对样品形貌的影响。在实验中氨气既作为载气又提供反应中的 N 源，因此氨气的流量大小对能否成功生长出二维结构的形貌起着非常关键的作用。选取了多种氨气流量实验方案进行 GaN 纳米材料的生长，结果表明当氨气流量大于 100 mL/min 时，生成的 GaN 为体积较大的块状物，且随氨气流量增大，块状物体积也逐渐增大。因此生长二维 GaN 纳米材料时氨气流量不应过大。参考 CVD 法制备石墨烯[5] 及相关二维 GaN 合成反应气流量大小的条件[6]，最终确定研究氨气流量分别为 60 mL/min 和 100 mL/min 时对二维 GaN 纳米材料形貌的影响，实验得到 D、E 两组样品（见表 6-4）。

表 6-4 NH₃流量对 2D GaN 纳米材料形貌的影响

编号	生长温度/℃	反应时间/min	NH_3 流量/mL · min^{-1}
D			60
	980	30	
E			100

样品 D 是氨气流量设为 60 mL/min 时制备的二维 GaN 纳米材料, 其 SEM 表征如图 6-7 所示。从图 6-7 (a) 和 (b) 可以看出, GaN 局部结晶较为均匀, 虽然存在结块, 但结块大都较小。由图 6-7 (c) 和 (d) 可以看出, 在小结块之间出现了带弧度的长薄片, 分析得出 NH$_3$ 流量为 60 mL/min 时, 二维 GaN 纳米结构的形貌得到改善的结论。

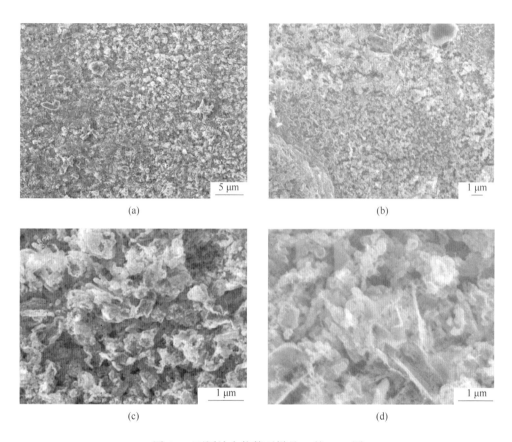

图 6-7 不同放大倍数下样品 D 的 SEM 图
(a) ×3000; (b) ×6000; (c) (d) ×20000

样品 E 为氨气流量设为 100 mL/min 时所制备的二维 GaN 纳米材料, 其 SEM 表征如图 6-8 所示。从图 6-8 (a) ~ (c) 可看出 GaN 结晶形成了空心的微米管, 并没有出现类似二维纳米片的产物。与图 6-7 (d) 对比, 图 6-8 (d) 中的结晶颗粒较大。一方面是由于氨气流量设定过高, 导致 GaN 成核之后沿 c 轴继续生长, 没有发生自限制生长, 从而形成微米管; 另一方面气流携带运载至衬底的速度过大对衬底产生冲击, 形成大晶粒, 影响结晶质量[7]。

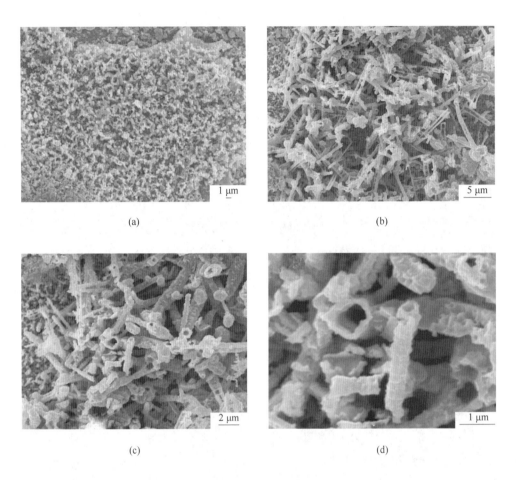

图 6-8　不同放大倍数下样品 E 的 SEM 图

(a)（b）×3000；（c）×6000；（d）×20000

6.5.3　反应时间对二维 GaN 纳米材料形貌的影响

确定了最佳生长温度为 980 ℃ 及最佳 NH_3 流量为 60 mL/min 后，保持设定值固定不变，研究反应时间对二维 GaN 纳米材料形貌的影响。在反应过程中氨化时间也是影响二维纳米材料形貌的重要因素之一，反应时间太短容易导致反应不完全，产物分布不均匀，结晶程度也不统一。反应时间太久会造成生长时间的延长，GaN 结晶饱和析出后，又继续吸附气氛中附近的 Ga 原子、N 原子形成较大的块体。因此，分别选取 30 min、60 min 两组不同的反应时间条件下，制备两组样品：样品 F、样品 G（见表 6-5），分析反应时间对样品形貌的改变。

表 6-5　反应时间对 2D GaN 纳米材料形貌的影响

编号	生长温度/℃	NH$_3$流量/mL·min^{-1}	反应时间/min
F	980	60	30
G			60

图 6-9 为反应时间为 30 min 时制备的二维 GaN 纳米材料样品 F 的 SEM 图。从图 6-9（a）和（b）可以观察到 GaN 结晶程度较好，晶粒较小且分布均匀。图 6-9（c）和（d）中虽然结晶程度较好但并没有找到二维纳米结构的形貌，说明当反应时间为 30min 时 GaN 生长并未按照二维材料的生长机制生长。

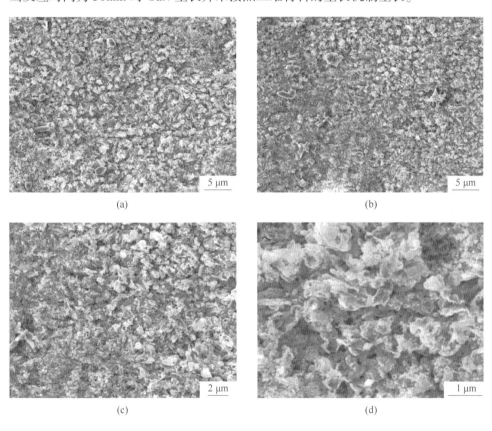

图 6-9　不同放大倍数下样品 F 的 SEM 图
（a）（b）×3000；（c）×6000；（d）×20000

图 6-10 为反应时间 60 min 时制备的二维 GaN 纳米材料样品 G 的 SEM 图。从图 6-10（a）中可明显地观察到该条件下能够成功制备出二维 GaN 纳米结构的形貌，且纳米片形貌统一、分布均匀，但有少许结块现象。在图 6-10（b）~（d）

中可观察到，二维纳米片是垂直生长于衬底上，这可能是由于反应前铺展催化剂 Ga 膜的厚度影响到二维纳米片水平或垂直生长的形貌[8]。此外，从图 6-10（c）和（d）中可以清晰地看到纳米片的厚度在纳米级别内，最薄的仅有十几纳米，符合二维纳米材料所定义的标准。

图 6-10 不同放大倍数下样品 G 的 SEM 图
（a）×6000；（b）×20000；（c）×30000；（d）×50000

综上所述，通过对比不同的反应条件，发现生长温度为 980 ℃、氨气流量为 60 mL/min、反应时间为 60 min 较为合适，能够合成形貌较好的二维 GaN 纳米结构。

6.5.4 二维 GaN 纳米材料 EDS 表征测试

X 射线能谱分析仪简称 EDS，用于对所选样品检测范围内材料元素成分的定量分析[9]。其原理是一个壳层电子被能量或粒子所激发会留下一个空位，外层电子跃迁至空位并放射 X 射线，导致电子转移产生能量差。EDS 具有操作简易方便，分析速度快、不损坏样品、结果直观等特点。本节采用的是与扫描电子显微镜仪器配套的 EDS 测试系统，误差在 10%左右。

选取成功制备的样品中部分区域进行 EDS 谱线分析，如图 6-11 所示。表 6-6 展示了 EDS 分析样品所获得的所有元素成分及其含量。从中找到所期望的 N 元素和 Ca 元素，两种元素对应的摩尔分数分别为 4.98%、4.77%，Ga 元素的摩尔分数与 N 元素的摩尔分数大致呈 1∶1，说明样品的元素组成成分与 GaN 相符。此外，还含有 25.05%的 W 原子和 43.2%的 O 原子。

图 6-11　二维 GaN 纳米材料 EDS 图谱

表 6-6　二维 GaN 纳米材料 EDS 分析　　　　　　　　（%）

元素	质量分数	摩尔分数
C K	4.43	22.00
N K	1.17	4.98
O K	11.59	43.20
Ga K	5.58	4.77
W M	77.23	25.05
总量	100.00	100.00

6.5.5　二维 GaN 纳米材料 XRD 表征测试

X 射线衍射仪原理是通过 X 射线对晶体衍射来分析样品，对样品晶体结构及物相进行定量分析和定性分析及鉴别。通过与标准卡片的峰值对比，能够轻易推测样品的物相。

图 6-12 为样品二维 GaN 纳米材料的 XRD 测试图谱，可以通过寻找衍射峰的角度和强度来鉴别 GaN 的晶体结构。从图中可读出 8 个衍射峰，分别对应于 2θ 的 32.340°、34.384°、36.657°、48.092°、57.827°、63.603°、69.084°、70.595° 位置处。这与标准纤锌矿 GaN 卡片中的（100）、（002）、（101）、（102）、（110）、（103）、（112）、（201）晶面一一对应，其中（101）晶面对应的特征峰最高。以上证实了该样品组成成分为 GaN，且衍射峰较尖锐，这说明样品纯度较高。值得注意的是，在 2θ 小于 30° 时出现了"馒头峰"，这是由于测试时使用的是薄膜测试法，是将样品放置在载玻片上进行检测，因此"馒头峰"出现是由于 XRD 扫射初期扫到玻璃上。

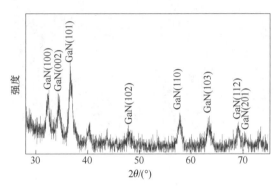

图 6-12　样品二维 GaN 纳米材料 XRD 谱

6.5.6　二维 GaN 纳米材料拉曼光谱表征测试

拉曼光谱分析法（Raman spectra）是基于印度科学家拉曼所发现的拉曼散射效应的一种分析方法，它可以分析各种入射光频率的散射光谱以获得有关分子振动和分子转动的信息，对材料纯定性分析、高度定量分析和分子结构的分析有一定的应用。拉曼光谱在化学、印刷技术、生物、农业、物理和医学等领域有广泛的应用。

纤锌矿结构的 GaN 材料共有 6 个光学声子模式，分别为一个 A_1、一个 E_1、两个 E_2 模式，以及两个 B_1 模式。以垂直的入射光照射在样品上，只有 $A_1(\text{LO})$ 和 $E_2(\text{high})$ 这两种模式可以被检测出来[10-11]。

图 6-13 为二维 GaN 纳米材料样品的拉曼光谱，位于 566.3 cm^{-1} 和 728.2 cm^{-1} 处的模式峰分别对应 $E_2(\text{high})$ 和 $A_1(\text{LO})$ 模式，无应力下 GaN 材料的 $E_2(\text{high})$ 模式峰[12]位于 566.3 cm^{-1}，再次说明样品成分为 GaN。另外，样品的质量可以通过观察 $A_1(\text{LO})$ 模式的强度来鉴别，在图 6-13 可明显观察到 $A_1(\text{LO})$ 模式峰，因此说明 GaN 样品缺陷密度较小，结晶质量较好。

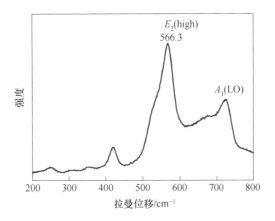

图6-13 二维 GaN 纳米材料样品的拉曼光谱图

本章利用化学气相沉积法采用液态金属 Ga 作为催化剂在钨衬底上成功合成了二维 GaN 纳米材料，通过控制变量法研究不同生长条件对样品微观形貌的影响，并对其进行 SEM、XRD 等表征测试，得到以下结论：

（1）研究不同生长条件对所制备样品形貌产生的影响。生长温度过低会影响原子扩散速率，使沉积驱动力变差，导致 GaN 呈块体或棒状形貌，难以形成所需的二维纳米材料形貌；生长温度过高会使分子活性较强 Ga—N 键易发生断裂，且液态基底容易发生团聚效应，导致产物结晶质量较差。研究表明生长温度在 980 ℃时较佳，能够得到形貌统一、结晶度较好的样品。较低的氨气流量会导致原子驱动力不足且反应不完全，致使 GaN 提前反应，无法形成二维形貌；NH$_3$流量过高会增大冲击衬底的气流速率，降低结晶质量；实验结果确定当氨气流量为 60 mL/min 时生长较为合适。GaN 的生长反应时间不同也会影响产物的形貌和结晶质量，经过大量实验确定最佳的反应时间应为 60 min，此条件下可以生成形貌较好的二维纳米材料。当生长温度为 980 ℃、氨气流量为 60 mL/min、反应时间应为 60 min 时，能够成功合成出形貌较好的二维 GaN 纳米材料。由此得到 CVD 法制备二维 GaN 纳米材料较佳的生长工艺参数。

（2）EDS、XRD 和 Raman 测试表明二维纳米组成成分与 GaN 相符，并且结构为六方纤锌矿结构。XRD 和 Raman 光谱测试表明样品缺陷密度较小，结晶质量较高。

参 考 文 献

[1] 曾梦琪，张涛，谭丽芳，等. 液态金属催化剂：二维材料的点金石 [J]. 物理化学学报，2017，33（3）：464-475.

[2] WANG J, ZENG M, TAN L, et al. High-mobility graphene on liquid p-block elements by ultra-

low-loss CVD growth [J]. Scientific Reports, 2013, 3 (3): 2670.

[3] 李林洋. 二维材料中的界面效应与拓扑相 [D]. 济南：山东大学，2015.

[4] CHEN Y X, LIU K L, LIU J X, et al. Growth of 2D GaN Single Crystals on Liquid Metals [J]. Journal of the American Chemical Society, 2018, 140: 16392-16395.

[5] 陈蓉娜. 氮化镓的化学气相沉积法制备及其光学性能研究 [D]. 秦皇岛：燕山大学，2014.

[6] 杨东. CVD 法合成一维 GaN 纳米结构和 GaN 薄膜的研究 [D]. 太原：太原理工大学，2007.

[7] 张莹. GaN/AlN 超晶格半导体材料的脉冲 MOCVD 生长以及表征研究 [D]. 西安：西安电子科技大学，2012.

[8] SUB S H, HUN J K, CHANWOO N, et al. Horizontal-to-vertical transition of 2D layer orientation in low-temperature CVD-grown PtSe₂ and its influences on electrical properties and device applications [J]. ACS Applied Materials & Interfaces, 2019, 11 (14): 13598-13607.

[9] 张有纲. 电子材料现代分析概论第 2 分册 [M]. 北京：国防工业出版社，1993.

[10] 冯倩，郝跃，刘玉龙. GaN 薄膜拉曼散射光谱的研究 [J]. 光散射学报，2003，15 (3)：175-178.

[11] ARGUELLO C A, ROUSSEAU D L, PORTO S P S. First -order Raman effect in w urtzite -type crystals [J]. Physical Review, 1968, 181 : 1351.

[12] 刘战辉，修向前，张李骊，等. 氢化物气相外延生长的 GaN 膜中的应力分析 [J]. 光谱学与光谱分析，2013，33 (8)：2105-2108.

7 Mg、C 和 S 掺杂 g-GaN 的电子结构和物理性质

掺杂改性是调制半导体材料的电子和光学特性的有效手段，掺杂可以为 g-GaN 材料提供空穴和电子载流子，提高 g-GaN 基器件的导电性和光电发射性能。在以往的报道中，已经有研究人员在此方面做出探索，例如夏等人探讨了在 g-GaN 中掺杂 Mg 原子以实现 p 型掺杂的可行性[1]。刘等人研究了 Mg 掺杂的多层 g-GaN 的电子特性和原子结构[2]。但仍缺乏更多的掺杂剂类型及不同掺杂剂浓度对 g-GaN 物理性质影响的系统性研究，因此对 g-GaN 的掺杂改性应进一步成体系地研究，特别是探索 II、IV 和 VI 族原子掺杂以实现 p 型和 n 型导电，以及研究掺杂浓度对 g-GaN 电子、电学和光学性质的影响尤为重要。在本章中，本征 g-GaN 超晶胞和不同浓度的 C、Mg 和 S 掺杂的 g-GaN 体系的原子结构、电子、电学和光学特性使用密度泛函理论进行系统性研究，其中 C 和 Mg 替代 Ga 表示为 C_{Ga} 和 Mg_{Ga} 体系，C 和 S 替代 N 表示为 C_N 和 S_N 体系。结果表明在 g-GaN 的不同掺杂体系中实现了 n 型和 p 型掺杂，功函数和载流子迁移率也得到有效调制。此外，C_{Ga} 和 S_N g-GaN 体系在可见光范围内有吸收峰。

7.1 研究方法与研究模型

7.1.1 研究方法与计算参数

在本章工作中，使用 Vienna ab initio 模拟包（VASP）[3-4]对基于第一性原理的密度泛函理论进行模拟。电子-离子相互作用使用投影增强波（PAW）方法[5-6]描述。通过使用具有 Perdew-Burke-Ernzerhof（PBE）参数化的广义梯度近似（GGA）方法来近似处理交换关联势的相关函数[7-8]。此外，弱色散力使用 DFT-D3 方法来处理[9]。截断能设置为 350 eV，使用 Monkhorst-Pack 方法描述布里渊区[10]，并将 k 点设置在 3×3×1 网格中。光学特性是从与频率相关的介电响应理论[11]中获得。在几何优化过程中，所有体系弛豫至每个原子上的 Hellmann-Feynman 力小于 0.1 eV/nm，总能量变化不大于 10^{-5} eV，从而得到体系的基态原子结构。

7.1.2　研究模型

在模拟 g-GaN 轻掺杂体系之前，构建了一个 9×9×1 的单层 g-GaN 超晶胞，几何优化后的基态原子结构俯视图和侧视图如图 7-1（a）所示，可知优化后的 2D 单层 GaN 基态原子结构是一种稳定的类石墨烯平面结构即 g-GaN。能带结构如图 7-1（b）所示，本征 g-GaN 是一种间接带隙半导体，带隙值为 2.10 eV，这与之前同样使用 PBE 方法进行计算的报道一致[1, 12]。如图 7-2 所示，接下来构建 g-GaN 掺杂体系的原子结构模型，本节内容中，C_{Ga} 和 Mg_{Ga} 分别表示用 C 和 Mg 代替 Ga 进行掺杂，C_N 和 S_N 分别表示用 C 和 S 代替 N 进行掺杂。掺杂 1 个原子（分别表示为 $1C_{Ga}$、$1Mg_{Ga}$、$1C_N$、$1S_N$，对应的掺杂浓度为 1.23%），掺杂位

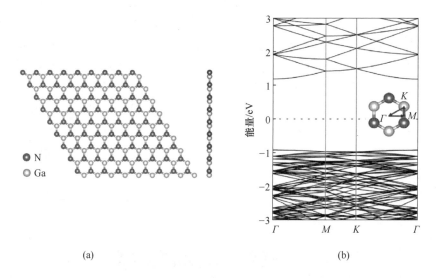

(a)　　　　　　　　　　　　　　　　(b)

图 7-1　优化后的本征 g-GaN 结构的俯视图和侧视图（a）和本征 g-GaN 的能带结构（b）

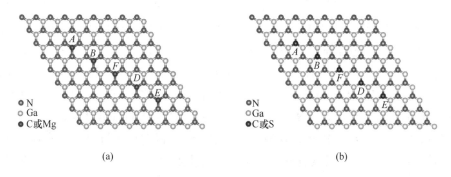

(a)　　　　　　　　　　　　　　　　(b)

图 7-2　g-GaN 中两种掺杂类型的掺杂位点

（a）C_{Ga} 和 Mg_{Ga} 体系；（b）C_N 和 S_N 体系

点为 F；掺杂 2 个原子（分别表示为 $2C_{Ga}$、$2Mg_{Ga}$、$2C_N$、$2S_N$，对应的掺杂浓度为 2.47%），掺杂位点为 B 和 D；掺杂 3 个原子（分别表示为 $3C_{Ga}$、$3Mg_{Ga}$、$3C_N$ 和 $3S_N$，对应的掺杂浓度为 3.70%），掺杂位点位于 A、F 和 E。此外，在 Z 方向应用了 2 nm 真空层以保证单层掺杂体系的空间独立性。

7.2 结果与讨论

7.2.1 掺杂体系稳定性验证

形成能 E_f 的大小及正负是判断 2D 材料稳定性的重要标尺之一，E_f 的正负值分别代表吸热和放热。在本小节中，掺杂体系的形成能计算公式如下：

$$E_f = E_{total} - E_{intrinsic} - n\mu_{Ga/N} \tag{7-1}$$

式中　E_f——形成能，eV；

　　　E_{total}——掺杂体系总能量，eV；

　　　$E_{intrinsic}$——本征体系总能量，eV；

　　　$\mu_{Ga/N}$——被取代原子的化学势，eV；

　　　n——原子数。

形成能计算结果见表 7-1。C_{Ga} 掺杂体系的计算结果均为负值，并且形成能随着掺杂浓度的增加单调降低，这表明 C_{Ga} 掺杂是一个放热过程，该掺杂体系相对容易形成并可以达到较高的掺杂浓度。C_N、Mg_{Ga}、S_N 掺杂体系的形成能均为正值，且随着掺杂浓度的增加而单调增加，这意味着 C_N、Mg_{Ga} 和 S_N 掺杂体系的掺杂过程需要吸热，因此这些体系难以实现高掺杂浓度。另外可以发现，用 C 代替 Ga 比用 C 代替 N 更容易，且 C_{Ga} 体系比 C_N 体系更稳定。从表 7-1 的结果可以推测，形成能与掺杂原子和置换原子的原子半径之间具有协同作用。C(0.086 nm) 的原子半径小于 Ga(0.140 nm)，而 C 的原子半径大于 N(0.080 nm)。Mg(0.160 nm)、S(0.104 nm) 的原子半径均大于 Ga 和 N。根据掺杂原子半径大小分为以下两种情况：（1）掺杂剂原子的原子半径小于被置换原子；（2）掺杂剂原子的原子半径大于被置换原子。从形成能角度来看，前者比后者更稳定。为了进一步确定掺杂体系的稳定性，本节还使用从头算分子动力学（AIMD）对所有 g-GaN 掺杂体系在常温下进行了热稳定性模拟计算，分别用于所有掺杂体系在 300 K 下的热稳定性。AIMD 模拟在 VASP 中进行，模拟时间为 3 ps，步长设置为 1 fs。结果如图 7-3 所示。与图 7-1 中经几何优化后的本征 g-GaN 基态原子结构相比，所有掺杂体系在 300 K 下均没有发生较大畸变，说明各体系热稳定性良好，所以上述所有掺杂体系在常温下都是稳定且可制造的。

表 7-1 本征和 g-GaN 掺杂体系的形成能 (E_f)、电荷转移量 (BC)、带隙 (E_g) 和功函数 (WF)

掺杂体系	E_f/eV	BC	E_g/eV	WF/eV
本征	—	—	2.10	4.40
1 C_{Ga}	-4.59	1.44	1.94	3.29
2 C_{Ga}	-9.18	3.01	1.84	3.22
3 C_{Ga}	-13.70	4.69	1.77	3.32
1 C_N	2.52	-1.10	2.13	4.93
2 C_N	5.02	-2.07	2.16	4.94
3 C_N	7.54	-3.15	2.19	4.97
1 Mg_{Ga}	3.06	1.57	2.17	5.08
2 Mg_{Ga}	6.10	3.14	2.11	5.13
3 Mg_{Ga}	9.13	4.72	2.09	5.14
1 S_N	4.85	-0.78	2.22	3.58
2 S_N	9.72	-1.57	2.29	3.69
3 S_N	14.70	-2.46	2.23	3.28

注：BC 的数值是电子电量的倍数。

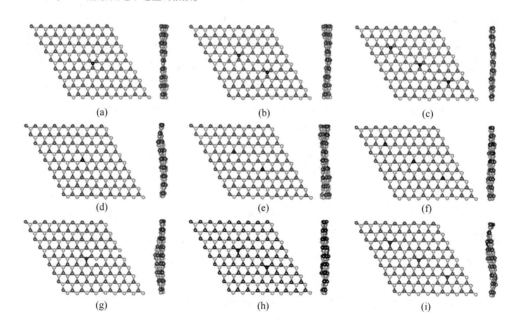

(a)　　　　　　　　　(b)　　　　　　　　　(c)

(d)　　　　　　　　　(e)　　　　　　　　　(f)

(g)　　　　　　　　　(h)　　　　　　　　　(i)

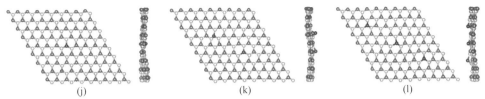

图 7-3　各掺杂体系在 300 K 时的俯视图和侧视图

（a）1C_{Ga}；（b）2C_{Ga}；（c）3C_{Ga}；（d）1C_N；（e）2C_N；（f）3C_N；（g）1Mg_{Ga}；

（h）2Mg_{Ga}；（i）3Mg_{Ga}；（j）1S_N；（k）2S_N；（l）3S_N

7.2.2　电荷分布及电荷转移分析

为了更清楚地了解掺杂体系中的电荷分布情况，本节基于以下公式计算了 g-GaN 掺杂体系的差分电荷密度：

$$\Delta\rho = \rho_{total} - \rho_{intrinsic} - \rho_x \qquad (7\text{-}2)$$

式中　ρ_{total} ——g-GaN 掺杂体系的电荷密度，e/Å²（1 Å=0.1 nm）；

　　　$\rho_{intrinsic}$ ——本征单层 g-GaN 的电荷密度，e/Å²；

　　　ρ_x ——掺杂原子的电荷密度，e/Å²。

计算结果如图 7-4 所示，在 C_{Ga} 和 Mg_{Ga} 体系中，电荷聚集在掺杂原子附近的 N 原子周围。在 C_N 和 S_N 体系中，电荷聚集在掺杂原子周围。为了更准确地描述掺杂体系中的电荷转移量，对 Bader 电荷（BC）进行了分析[13-14]，计算结果总结在表 7-1 中。其中 Bader 电荷结果的具体数值与图 7-4 中电荷密度的分布趋势结论一致，这也验证了本节计算结果的正确性。

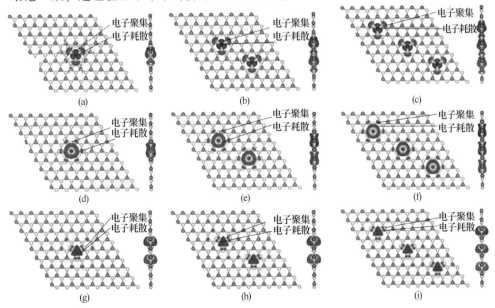

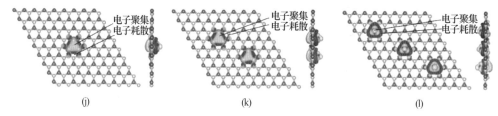

图 7-4 g-GaN 各掺杂体系的差分电荷密度的俯视图和侧视图

（a）1C_{Ga}；（b）2C_{Ga}；（c）3C_{Ga}；（d）1C_N；（e）2C_N；（f）3C_N；（g）1Mg_{Ga}；

（h）2Mg_{Ga}；（i）3Mg_{Ga}；（j）1S_N；（k）2S_N；（l）3S_N

7.2.3 掺杂体系的能带结构与态密度

g-GaN 掺杂体系的能带结构如图 7-5 所示，带隙值见表 7-1。与本征 g-GaN 相比，掺杂体系仍具有间接带隙的特性。C_{Ga} 体系的导带中存在杂质能级（见图 7-5（a）~（c）），掺杂体系的导带最小值（CBM）和价带最大值（VBM）都向下移动。C_{Ga} 体系的带隙小于本征 g-GaN 的带隙，并随着掺杂浓度的增加而略有减小。费米能级位于导带内，说明导带内的量子态被电子占据的概率很大，实现了 n 型掺杂。S_N 体系的能带结构（见图 7-5（j）~（l））与 C_{Ga} 体系相似，费米能级更接近 CBM，能带结构整体下移，同样实现了 n 型掺杂。C_N 体系的费米能级（见图 7-5（d）~（f））更接近 VBM，掺杂体系的 CBM 和 VBM 都向上移动，实现了 p 型掺杂，杂质能级出现在费米能级附近，这将有助于电子的跃迁。C_N 体系的带隙

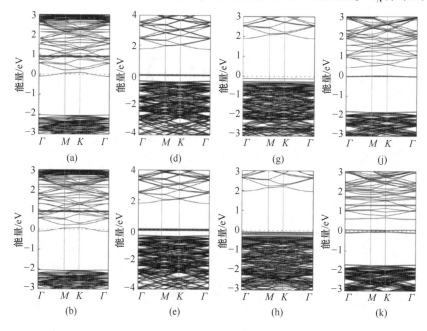

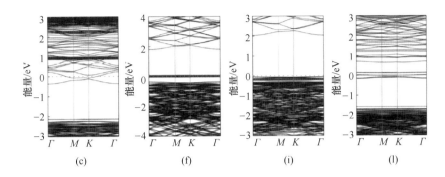

图 7-5 g-GaN 各掺杂体系的能带结构

(a) $1C_{Ga}$；(b) $2C_{Ga}$；(c) $3C_{Ga}$；(d) $1C_N$；(e) $2C_N$；(f) $3C_N$；(g) $1Mg_{Ga}$；

(h) $2Mg_{Ga}$；(i) $3Mg_{Ga}$；(j) $1S_N$；(k) $2S_N$；(l) $3S_N$

大于本征 g-GaN 的带隙，并随着掺杂浓度的增加而略有增加。与 C_N 体系类似，在 Mg_{Ga} 体系中实现了 p 型掺杂（见图 7-5（g）~（i）），但带隙随着掺杂浓度增加而减小，此外，Mg_{Ga} 体系的杂质能级处于价带中。

7.2.4 功函数

本征和 g-GaN 掺杂体系的功函数如图 7-6 所示，功函数计算公式如下：

$$WF = E_{vacuum} - E_{Fermi} \tag{7-3}$$

式中　WF——功函数，eV；

E_{vacuum} ——本征或掺杂体系的真空能级，eV；

E_{Fermi} ——本征或掺杂体系的费米能级，eV。

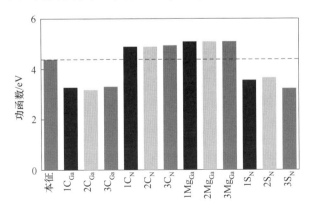

图 7-6 本征和 C_{Ga}、C_N、Mg_{Ga} 和 S_N g-GaN 掺杂体系的功函数

各个掺杂体系及本征 GaN 相应的功函数值见表 7-1。C_{Ga} 和 S_N 体系（n 型掺

杂）的功函数均小于本征 g-GaN，而 C_N 和 Mg_{Ga} 体系（p 型掺杂）的功函数均大于本征 g-GaN。有趣的是，p 型掺杂的功函数随着掺杂浓度的增加而单调增加。因此，可以通过掺杂有效地控制 g-GaN 的功函数，进而可以调控与金属材料之间的接触类型（肖特基接触和欧姆接触），从而拓宽 g-GaN 的应用范围。

7.2.5　载流子迁移率计算

本节分别计算了本征 g-GaN 体系的载流子迁移率和掺杂 g-GaN 体系的少数载流子迁移率。本征 g-GaN 的载流子迁移率由声学波散射决定，因此在声学波散射模型下预测了本征 g-GaN 体系的载流子迁移率。影响掺杂 g-GaN 体系的主要散射机制是声学波散射和电离杂质散射，在两者的影响下，自由时间被限制，从而散射概率显著增加，导致载流子迁移率受到限制。杂质散射对多数载流子迁移率的限制比对少数载流子迁移率的限制更严重。因此，掺杂体系的少数载流子迁移率通常大于多数载流子的迁移率，少数载流子迁移率越大，则对应的半导体器件电流承载能力越强，且功耗也会相应降低，这种特性对于设计半导体器件具有重要意义[15]。

计算多数载流子迁移率时必须考虑电离杂质散射的影响，考虑到合适的计算成本，本节在声学波散射模型下预测了本征 g-GaN 体系的载流子迁移率和 g-GaN 掺杂体系的少数载流子迁移率。该计算基于形变势（DP）理论[17]，该理论已被广泛用于预测石墨烯、MoS_2 等二维材料的迁移率[16-18]，计算公式如下：

$$\mu_{2D} = \frac{2e\hbar^3 C_{2D}}{3K_B T \mid m^* \mid E_1^2} \tag{7-4}$$

式中　μ_{2D}——载流子迁移率，10^3 cm²/(V·s)；

E_1——DP 常数，eV，表示由适当的单轴应变引起的传输方向上空穴的 VBM 和电子的 CBM 形变常数（本节使用 0.5% 的步长计算）；

m^*——载流子在运输方向的有效质量，以 m_0 计，m_0 为电子惯性质量，取 9.10956×10⁻³¹ kg；

C_{2D}——2D 材料的弹性模量，J/m²，推导过程如下：

$$(E - E_0)/S_0 = C_{2D}(\Delta l/l_0)^2/2 \tag{7-5}$$

式中　E——二维体系的总能量，eV；

S_0——平衡时的晶格面积，Å²（1 Å = 0.1 nm）；

l_0——静止时的晶格常数，Å；

Δl——晶格常数及其在传输方向上的形变量，Å。

载流子迁移率由载流子的有效质量 m^*、DP 常数 E_1 和 2D 材料的弹性模量 C_{2D} 决定。本征 g-GaN 体系的各项常数和载流子迁移率及 g-GaN 掺杂体系的少数载流子迁移率的计算结果见表 7-2 和表 7-3，为了直观看出不同传播方向上载流子迁移率随掺杂浓度的变化情况，将 g-GaN 不同掺杂浓度下掺杂体系的载流子迁移率（$\mu(e)$ 和 $\mu(h)$）绘制成折线图，如图 7-7 所示。可见 C_N 体系的电子迁移率大大提升，与掺杂浓度呈正相关。Mg_{Ga} 体系电子迁移率则表现出各向异性，C_{Ga} 体系与 S_N 体系的空穴迁移率与掺杂浓度呈负相关，随着掺杂浓度的升高，空穴迁移率呈减小趋势。

表 7-2 本征和 g-GaN 掺杂体系 Γ-M 和 M-K 方向的常数和电子迁移率

掺杂体系	$m^*(e)$		$E_1(e)$/eV		C_{2D}/J·m^{-2}		$\mu(e)$/cm^2·V^{-1}·s^{-1}	
	Γ-M	M-K	Γ-M	M-K	Γ-M	M-K	Γ-M	M-K
本征	0.21	0.28	23.81	23.18	800.49	1389.01	0.46×10^3	0.48×10^3
1C_N	0.22	0.28	9.4	8.80	859.82	1446.57	2.81×10^3	3.45×10^3
2C_N	0.24	0.28	9.1	8.45	919.59	1503.84	2.80×10^3	3.88×10^3
3C_N	0.22	0.22	9.2	8.65	979.35	1561.28	3.31×10^3	6.02×10^3
1Mg_{Ga}	0.26	0.22	9.45	8.92	871.17	1457.65	2.09×10^3	5.28×10^3
2Mg_{Ga}	0.22	0.28	9.43	8.83	941.22	1525.96	3.05×10^3	3.60×10^3
3Mg_{Ga}	0.24	0.24	9.32	8.78	1012.63	1594.34	2.93×10^3	5.19×10^3

注：e—电子；m^*—平均有效质量，是 m_0 的倍数；E_1—变形势，以 eV 为单位；C_{2D}—2D 的弹性模量，以 J/m 为单位；$\mu(e)$—电子的迁移率，cm^2/(V·s)；使用式（7-5）在温度 $T=300$ K 下进行计算。

表 7-3 本征和掺杂 g-GaN 体系沿 Γ-M 和 M-K 方向的常数和空穴迁移率

掺杂体系	$m^*(h)$		$E_1(h)$/eV		C_{2D}/J·m^{-2}		$\mu(h)$/cm^2·V^{-1}·s^{-1}	
	Γ-M	M-K	Γ-M	M-K	Γ-M	M-K	Γ-M	M-K
本征	0.32	4.41	14.10	13.55	800.49	1389.01	0.57×10^3	0.005×10^3
1C_{Ga}	0.11	0.22	9.22	9.15	558.04	1136.28	8.37×10^3	3.91×10^3
2C_{Ga}	0.14	0.20	9.12	9.02	322.73	888.79	2.99×10^3	3.80×10^3
3C_{Ga}	0.17	0.25	10.10	9.14	96.25	653.09	0.46×10^3	1.81×10^3
1S_N	0.11	0.37	10.34	9.87	765.88	1327.45	9.09×10^3	1.41×10^3
2S_N	0.10	0.55	57.07	58.20	1406.21	1215.83	0.60×10^3	0.02×10^3
3S_N	0.33	0.55	51.96	50.79	2068.95	1139.31	0.10×10^3	0.02×10^3

注：h—空穴，$\mu(h)$—空穴的迁移率，10^3 cm^2/(V·s)；使用式（7-5）在温度 $T=300$ K 下进行计算。

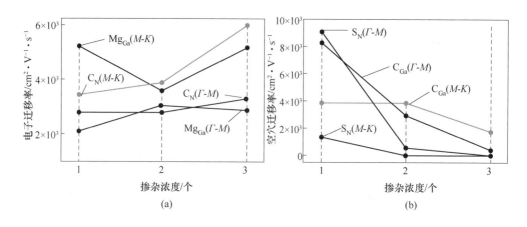

图 7-7 g-GaN 掺杂体系在不同掺杂浓度下的载流子迁移率

(a) C_N 和 Mg_{Ga} 体系的 $\mu(e)$；(b) C_{Ga} 和 S_N 体系的 $\mu(h)$

在本征 g-GaN 中，$m^*(e)$ 小于 $m^*(h)$，导致 $\mu(e)$ 大于 $\mu(h)$，这类似于块体 GaN 体系。Γ-M 方向的 $\mu(h)$ 为 0.57×10^3 cm^2/(V·s)，比 M-K 方向大 114 倍，这是因为 Γ-M 方向的 $m^*(h)$（$0.32 m_0$）远小于 M-K 方向的（$4.41 m_0$），表现出强烈的各向异性，这是因为 Γ-M 方向的第一价带宽度比 M-K 方向更宽。

除了 $2S_N$ 和 $3S_N$ 的载流子迁移率约与本征 g-GaN 体系相同。g-GaN 掺杂体系的少数载流子迁移率 $\mu(e)$ 和 $\mu(h)$ 大于本征 g-GaN 体系的载流子迁移率 $\mu(e)$ 和 $\mu(h)$。因此，载流子迁移率可以通过掺杂来调节，并且可以有效地调节 g-GaN 的电学特性，这在二维电子器件及集成电路的设计和制造中也有重要的应用前景。

本章系统研究了本征 g-GaN 体系和具有不同掺杂浓度的 g-GaN 体系的能带结构、态密度、功函数、光学性质和载流子迁移率。从计算结果来看，C 替代 Ga 比 C 替代 N 更容易，C_{Ga} 掺杂体系比 C_N 掺杂体系更稳定。在 C_{Ga} 和 S_N 掺杂体系中实现了 n 型掺杂，在 Mg_{Ga} 和 C_N 掺杂体系中实现了 p 型掺杂。在吸收光谱的紫外光范围内，不同 g-GaN 掺杂体系的吸收峰相对于本征 g-GaN 发生蓝移或红移，而 C_{Ga} 和 S_N 掺杂的 g-GaN 体系在可见光区域有尖峰，这拓展了 g-GaN 在光学器件中的应用频率范围。此外，功函数和载流子迁移率也通过掺杂得到有效调制。以上所有结果对实验上进行 GaN 纳米片掺杂修饰提供了理论基础，使其有望在二维微电子、光电器件和微芯片的设计中得到重要应用。

参 考 文 献

［1］ XIA C, PENG Y, WEI S, et al. The feasibility of tunable p-type Mg doping in a GaN monolayer nanosheet ［J］. Acta Materialia, 2013, 61 （20）: 7720-7725.

［2］ LIU L, TIAN J, LU F. Electronic properties and atomic structure of Mg-doped multilayer g-GaN base on first-principles ［J］. Applied Surface Science, 2021, 539: 148249.

［3］ KRESSE G, FURTHMÜLLER J. Efficient iterative schemes for ab initio total-energy calculations using a plane-wave basis set ［J］. Physical Review B, 1996, 54 （16）: 11169.

［4］ HAFNER J. Ab-initio simulations of materials using VASP: Density-functional theory and beyond ［J］. Journal of Computational Chemistry, 2008, 29 （13）: 2044-2078.

［5］ ENKOVAARA J, ROSTGAARD C, MORTENSEN J J, et al. Electronic structure calculations with GPAW: A real-space implementation of the projector augmented-wave method ［J］. Journal of Physics: Condensed Matter, 2010, 22 （25）: 253202.

［6］ KRESSE G, JOUBERT D. From ultrasoft pseudopotentials to the projector augmented-wave method ［J］. Physical Review B, 1999, 59 （3）: 1758.

［7］ PERDEW J P, BURKE K, ERNZERHOF M. Generalized gradient approximation made simple ［J］. Physical Review Letters, 1996, 77 （18）: 3865.

［8］ STEINMANN S N, CORMINBOEUF C. Comprehensive benchmarking of a density-dependent dispersion correction ［J］. Journal of Chemical Theory and Computation, 2011, 7 （11）: 3567-3577.

［9］ GRIMME S, ANTONY J, EHRLICH S, et al. A consistent and accurate ab initio parametrization of density functional dispersion correction （DFT-D） for the 94 elements H-Pu ［J］. The Journal of Chemical Physics, 2010, 132 （15）: 154104.

［10］ MONKHORST H J, PACK J D. Special points for Brillouin-zone integrations ［J］. Physical Review B, 1976, 13 （12）: 5188.

［11］ HYBERTSEN M S, LOUIE S G. Electron correlation in semiconductors and insulators: Band gaps and quasiparticle energies ［J］. Physical Review B, 1986, 34 （8）: 5390.

［12］ VALEDBAGI S, ELAHI S M, ABOLHASSANI M R, et al. Effects of vacancies on electronic and optical properties of GaN nanosheet: A density functional study ［J］. Optical Materials, 2015, 47: 44-50.

［13］ HENKELMAN G, ARNALDSSON A, JÓNSSON H. A fast and robust algorithm for Bader decomposition of charge density ［J］. Computational Materials Science, 2006, 36 （3）: 354-360.

［14］ SANVILLE E, KENNY S D, SMITH R, et al. Improved grid-based algorithm for Bader charge allocation ［J］. Journal of Computational Chemistry, 2007, 28 （5）: 899-908.

［15］ FU X Q, CHANG B K, WANG X H, et al. Photoemission of graded-doping GaN photocathode ［J］. Chinese Physical B, 2011, 20 （3）: 037902.

［16］ PRICE P J. Two-dimensional electron transport in semiconductor layers. I. phonon scattering

[J]. Annals of Physics, 1981, 133 (2): 217-239.

[17] XI J, LONG M, TANG L, et al. First-principles prediction of charge mobility in carbon and organic nanomaterials [J]. Nanoscale, 2012, 4 (15): 4348-4369.

[18] CAI Y, ZHANG G, ZHANG Y W. Polarity-reversed robust carrier mobility in monolayer MoS_2 nanoribbons [J]. Journal of the American Chemical Society, 2014, 136 (17): 6269-6275.

8 Cs、S 和 O 吸附二维 GaN 体系的理论研究

8.1 理论计算模型及方法

8.1.1 理论模型

首先应该明确理论上一个好的软件算法在输入差别不大的初始模型中经过计算后应该得到相同的结果，也就是得到相同的能量最低模型。但是一般而言寻求全局最优结果需要更多的算力，而且太差的模型可能导致计算中出现不收敛等问题。所以建立一个好的模型可节省算力，并避免计算中出现问题。一般而言，材料计算模型的建立应该根据已有的实验结果初步确定键长、键角、层间距等模型参数。为了获得准确的二维 GaN 模型，分别建立了屈曲结构的二维 GaN 模型及平面结构的二维 GaN 模型。为了消除周期性边界条件带来的影响，在 GaN 上下各插入 1 nm 的真空层。屈曲结构是从体相 GaN 中沿（0001）面截取单层、双层、三层 GaN 原胞得到的，结构如图 8-1 所示，平面结构是将屈曲结构中 N 原子平移至 Ga 原子平面得到的，结构如图 8-2 所示。

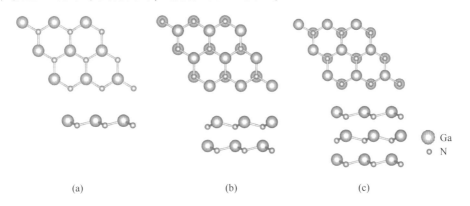

(a)　　　　　　　　　(b)　　　　　　　　　(c)

图 8-1　屈曲结构 GaN 俯视及侧视图
（a）单层（3×3×1）；（b）双层（3×3×2）；（c）三层（3×3×3）

分别对这两组不同的模型进行结构优化，结果得到了同样的单层、双层及三层结构，如图 8-3 所示。得到的单层 GaN 为平面六方蜂窝结构，N—Ga 键键长 a

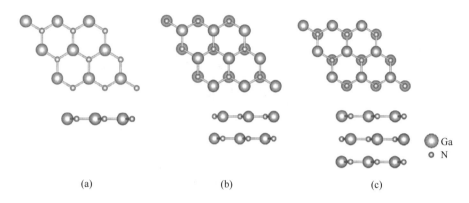

图 8-2 平面结构 GaN 俯视及侧视图

（a）单层（3×3×1）；（b）双层（3×3×2）；（c）三层（3×3×3）

为 0.33 nm，得到的双层 GaN 也为平面六方结构，但得到的三层 GaN 虽然在 *ab* 轴平面投影仍是六方形，但不再是平面结构，这些结果与文献[1-2]相符。可以看出从三层 GaN 开始，GaN 的最稳定状态不再单纯是平面单层的堆积，而是密堆积的形式，因为这样的方式使其能量更低。将优化结果作为修饰体系的 GaN 基底。

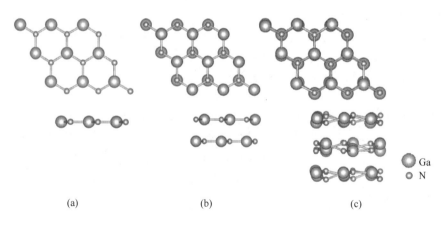

图 8-3 优化结果俯视及侧视图

（a）单层（3×3×1）；（b）双层（3×3×2）；（c）三层（3×3×3）

对于修饰体系模型的建立，除了 GaN 基底外还需要考虑吸附原子的最佳结合位点，也就是吸附后体系结构最稳定、能量最低的吸附位置。对此考虑将一个吸附原子置于 GaN 表面不同位置的正上方一定高度处，计算其在不同位置的结合能，将能量最低位置确定为最佳结合位点。为了节省算力，固定单层 GaN 基底，并对其表面划分出 20×20 个格点，限制吸附原子位置只能在格点正上方一定高度处，利用这样的模型做初步计算得到不同格点处的结合能，S 原子在不同格点处吸附能的三维示意图如图 8-4 所示，然后以能量最低的格点为吸附位置建立模型做进一步的优化及电子、光学等性质的计算。对于双层及三层结构，采用同样的吸附位置建立模型。

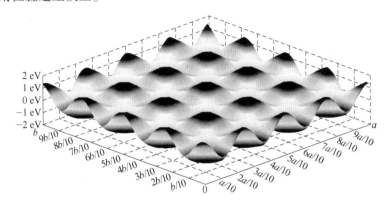

图 8-4 S 原子在不同格点处的吸附能示意图

8.1.2 计算方法

本章计算内容基于密度泛函理论，对于交换关联能采用广义梯度近似并使用 PBE 泛函形式[3]，多项研究[4-6]表明 GGA-PBE 方法对表面研究是准确的、有足够精度的。对输入模型做周期性延展得到周期性边界条件，对 k 点处电子波函数展开成离散的平面波基组形式，对离子实与价电子的作用采用超软赝势描述。前期初步计算过程中为了快速寻找合适模型或促节省算力会选择精度较低的参数，但初步计算结果会作为后期计算的输入做进一步精细计算。后期计算中平面波截断能量取 400 eV，k 点设置为 5×5×1，能量收敛标准设置为 10^{-5} eV，原子间作用力收敛标准设置为 -10^{-3} eV/nm。

8.2 计算结果及讨论

8.2.1 GaN 修饰体系结构

前面在建立 GaN 修饰体系时对优化后的二维 GaN 做了介绍，现在把优化后的二维 GaN 和其修饰体系做一个对比。单层 GaN 修饰体系的计算结果如图 8-5 所示，可以看出对于 Cs 原子修饰体系，其最佳吸附位点在六方面心处上方；对于 O 原子修饰体系，其最佳吸附位点在 N 原子顶部，由于 O 原子的吸附导致其最近邻的 N 原子偏离 GaN 平面向远离 O 原子方向移动；对于 S 原子修饰体系，其最佳吸附位点在 N 桥中心处上方，由于 S 原子的吸附导致其最近邻的 Ga 原子偏离 GaN 平面向靠近 S 原子方向移动。

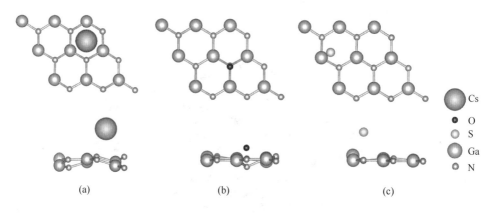

图 8-5 单层 GaN 修饰体系优化结果俯视及侧视图
（a）Cs-GaN；（b）O-GaN；（c）S-GaN

双层 GaN 修饰体系的计算结果如图 8-6 所示，可以看出对于 Cs 原子修饰体系，其最佳吸附位点在氮桥中心处上方；对于 O 原子修饰体系，其最佳吸附位点在 N 原子顶部上方；对于 S 原子修饰体系，其最佳吸附位点在面心处上方。

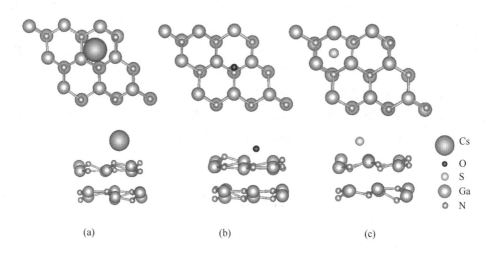

图 8-6 双层 GaN 修饰体系优化结果俯视及侧视图
（a）Cs-GaN；（b）O-GaN；（c）S-GaN

三层 GaN 修饰体系的计算结果如图 8-7 所示，除了 S 原子外各原子最佳吸附位置与双层相同，三层 GaN 修饰体系中 S 原子最佳吸附位点在 N 原子顶部上方。

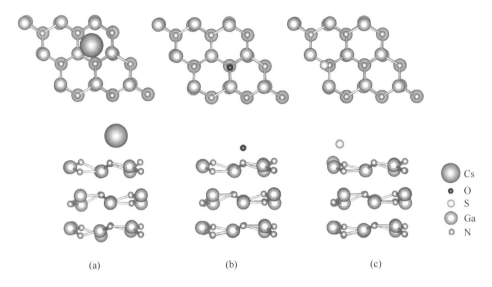

图 8-7 三层 GaN 修饰体系优化结果俯视及侧视图

（a）Cs-GaN；（b）O-GaN；（c）S-GaN

8.2.2 吸附能

不同层数的二维 GaN 对不同原子有不同的吸附能力，吸附能力决定了修饰体系的稳定性，其大小由吸附能确定。吸附能的物理内涵是指基底和吸附原子或团簇在吸附过程中能量的变化。如果吸附能是负值则说明吸附过程是释放能量的，整个体系能量降低到达一个更稳定的状态。吸附能表示如下：

$$E_{ads} = E_{total} - E_b - E_i \tag{8-1}$$

式中，E_{total} 为修饰体系的总能量；E_b 为二维 GaN 基底的总能量；E_i 为吸附原子的总能量。E_{ads} 越小说明吸附过程越容易发生，形成的修饰体系更稳定。经过计算得到的各种体系吸附能见表 8-1。

表 8-1 各体系吸附能

体系结构	吸附能/eV		
	Cs	O	S
单层	−1.29	−3.46	−1.21
双层	−3.33	−4.92	−3.82
三层	−2.78	−2.81	−3.04

从表 8-1 中可以看出，Cs、O、S 原子在二维 GaN 上的吸附能都是负的，这说明这几种原子发生吸附的过程都是放热过程，吸附可以稳定发生。

8.2.3 电荷布居

电荷布居是对体系中电荷分布最简单直观的表示方法，对研究修饰原子如何改变二维 GaN 性质有帮助。电荷布居目前无法通过实验直接观测，在理论研究上也没有统一的划分方法。最早的对电荷划分的方法是 Mulliken 在 1955 年提出的[7]，Mulliken 认为应该以原子轨道划分分子间的共用电子，也就是说将分子轨道按原子轨道基函数展开：

$$\left| \Psi \right\rangle = \sum_m C_m \left| \phi_m \right\rangle \tag{8-2}$$

然后应用归一化条件得到

$$\sum_m C_m^2 + 2 \sum_m \sum_{m>n} C_m C_n \langle \phi_m | \phi_n \rangle = 1 \tag{8-3}$$

式（8-3）中第一项可以认为是各个基函数对分子轨道独立贡献之和，称为定域项，第二项则表现了不同基函数关联作用对分子轨道的贡献，称为关联项。Mulliken 认为定域项直接划分给相应基函数，而关联项则平分给相应的两个基函数。这样求某原子电荷占据数时直接对其基函数占据数求和并与原子电荷相减便可。Mulliken 这种方法比较简单，但其对关联项直接平分给相应基函数的做法缺乏物理依据，完全不考虑不同原子的差异。后来 Bader 于 1972 年提出了另一种基于实空间的电荷划分方法——AIM 法[8]。该方法将实空间按电子密度为零的面划分为不同原子占据的区域，这样求某原子电荷占据数直接对其所在区域内电子密度积分并与原子电荷相减便可。AIM 方法从量子力学角度来看物理意义明确，电子密度为零的面即为波函数节点，分子轨道的空间节点可以显示成键的中心位置等信息，的确是一种比较好的划分方法。本书计算了修饰原子作用前后的 Bader 电荷布居，结果见表 8-2。

表 8-2 修饰原子最近邻 Ga/N 的 Bader 电荷布居　　　　　（eV）

体系结构		Cs		O		S	
		修饰前	修饰后	修饰前	修饰后	修饰前	修饰后
单层	最近邻 Ga	1.6499	1.7131	1.6498	1.5477	1.6319	1.6001
	最近邻 N	6.3525	6.4174	6.3525	5.8577	6.3574	6.2132
	修饰原子	9.0000	8.2443	6.0000	6.8292	6.0000	6.4271

体系结构		Cs		O		S	
		修饰前	修饰后	修饰前	修饰后	修饰前	修饰后
双层	最近邻 Ga	1.5695	1.6140	1.6568	1.6613	1.5796	1.6417
	最近邻 N	6.3627	6.3943	6.4067	5.8143	6.3399	6.3419
	修饰原子	9.0000	8.1632	6.0000	6.7527	6.0000	6.8022
三层	最近邻 Ga	1.6614	1.6270	1.5796	1.5983	1.6568	1.6392
	最近邻 N	6.3878	6.4191	6.3627	5.7779	6.4067	6.1740
	修饰原子	9.0000	8.1580	6.0000	6.5952	6.0000	6.2882

从表 8-2 中可以看出，Cs 原子在与 GaN 发生吸附的过程中是失电子的，但其向 GaN 转移的电子并不是只向其最近邻的 N 原子转移，而且这种转移减弱了 Ga 原子向 N 原子的电子转移。O 原子在与 GaN 发生吸附的过程中是得电子的，在单层体系中可以明显地看出 O 原子得到的电子来自其最近邻的 N 原子和 Ga 原子。S 原子在与 GaN 发生吸附的过程中获得了电子，其中双层结构转移的电子最多，这也印证了该结构吸附能最低的结论。

8.2.4 能带与态密度

为了更好的分析研究表面修饰作用对二维 GaN 电子性质的影响，计算了纯的二维 GaN 及其修饰体系的能带与自旋态密度。图 8-8 为纯 GaN 在费米能级附近−3~5 eV 部分的能带结构及自旋态密度，可以看出单层二维 GaN 具有 2.32 eV 的直接带隙，而双层和三层的二维 GaN 分别具有 2.46 eV 和 1.35 eV 的间接带隙。该结果与文献 [1]、[2]、[9] 相符，但与文献 [10] 略有不同，对比文献 [10] 发现其 GaN 单层模型为 4×4×1，而本书 GaN 单层模型为 3×3×1，由于 VASP 采用周期性边界条件，因此不同大小的模型结构会导致波函数略有不同，从而使最后计算结果稍有差异。对比二维 GaN 自旋向上的态密度与自旋向下的态密度，可以发现它们是对称的，这表明纯的二维 GaN 不具有磁性。

图 8-9 为 Cs 原子修饰 GaN 体系在费米能级附近−5~3 eV 部分的能带结构及自旋态密度，可以看出 Cs 原子的修饰作用使体系价带顶和导带底都向低能方向移动，费米能级进入导带，体系整体表现出金属性。Cs 修饰单层 GaN 体系电子自旋态密度对称，未表现出磁性，而 Cs 修饰双层和三层 GaN 体系导带底部的电子态是 100% 自旋向上的，它们分别带有 $0.8984\mu_B$ 和 $0.9734\mu_B$ 的磁性。

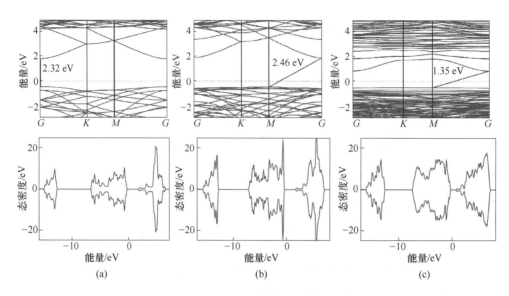

图 8-8 纯 GaN 能带结构及自旋态密度

（a）单层；（b）双层；（c）三层

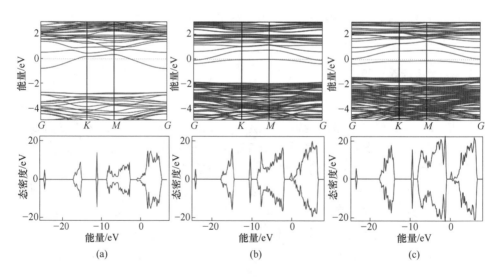

图 8-9 Cs-GaN 体系能带结构及自旋态密度

（a）单层；（b）双层；（c）三层

图 8-10 为 O 原子修饰 GaN 体系在费米能级附近 -3~5 eV 部分的能带结构及自旋态密度，可以看出在 O 原子的修饰作用下三层 GaN 的费米能级进入导带，并且在费米能级附近明显地多出了四条能级，通过对其局域态密度及体系结构的分析发现该体系中 Ga 原子可以分为 3 类：O 原子最近邻的 Ga 原子、与三个 N 原

子成键的 Ga 原子（下面表示为 Ga$_{3N}$）、与四个 N 原子成键的 Ga 原子（下面表示为 Ga$_{4N}$）。N 原子可以分为两类：与三个 Ga 原子成键的 N 原子（下面表示为 N$_{3Ga}$）、与四个 Ga 原子成键的 N 原子（下面表示为 N$_{4Ga}$）。其中 O 原子最近邻的 Ga 原子在-0.3 eV 处提供了一个自旋向上的态密度峰，在 0 eV 处提供了一个自旋向下的等高的态密度峰；Ga$_{4N}$ 和 N$_{3Ga}$ 在-0.2 eV 处提供了一个较小的自旋向上的态密度峰，在-0.1 eV 处提供了一个较大的自旋向上的态密度峰；Ga$_{3N}$ 和 N$_{4Ga}$ 在-0.2 eV 处提供了一个较大的自旋向上的态密度峰，在-0.1 eV 处提供了一个较小的自旋向上的态密度峰。这些结果解释了 O 原子修饰三层 GaN 体系费米能级处 4 条能级的来源及该体系为何具有 0.2292 μ_B 的磁性。

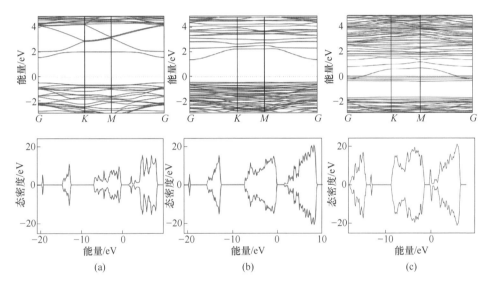

图 8-10 O-GaN 体系能带结构及自旋态密度

（a）单层；（b）双层；（c）三层

图 8-11 为 S 原子修饰 GaN 体系在费米能级附近-3~5 eV 部分的能带结构及自旋态密度，可以看出在 S 原子的修饰作用下体系在-13 eV 和-11 eV 处产生了两个完全自旋极化的峰，并且体系价带顶部的态是 100% 自旋向下的，因而可以通过磁场调节的方式改变其带隙，该性质也显示了其在自旋电子器件方面的应用潜力。S 原子修饰后体系具有了 2.000 μ_B 的磁性。

8.2.5 光学性质

为了分析表面修饰作用对二维 GaN 光学性质的影响，计算了纯的二维 GaN 及其修饰体系的光学基础物理量介电函数，并通过介电函数进一步导出上述结构材料的一些光学参数，如吸收系数、折射率、消光系数等。下面简单介绍一下介

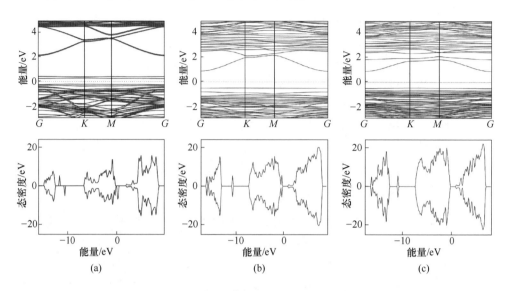

图 8-11　S-GaN 体系能带结构及自旋态密度
(a) 单层; (b) 双层; (c) 三层

电函数这个基础物理量的计算原理。

VASP 软件通过密度泛函理论确定电子基态后对未占据态求和可以得到介电函数的虚部:

$$\varepsilon_{\alpha\beta}^{(2)}(\omega) = \frac{4\pi^2 e^2}{\Omega} \lim_{q \to 0} \frac{1}{\boldsymbol{q}^2} \sum_{c,v,\boldsymbol{k}} \left[2w_{\mathbf{k}} \delta(E_{c\boldsymbol{k}} - E_{v\boldsymbol{k}} - E_\omega) \times \langle u_{c\boldsymbol{k}+e_\alpha\boldsymbol{q}} | u_{v\boldsymbol{k}} \rangle \langle u_{v\boldsymbol{k}} | u_{c\boldsymbol{k}+e_\beta\boldsymbol{q}} \rangle \right]$$

(8-4)

式中, 下标 c、v、$\boldsymbol{k}$ 分别为导带状态、价带状态、电子波矢量; w_{k} 为 k 点权重; $\boldsymbol{e}$ 为笛卡尔坐标系的单位向量; q 为入射波的 Bloch 矢量。通过 Kramers-Kronig 变换可以由介电函数的虚部得到介电函数的实部:

$$\varepsilon_{\alpha\beta}^{(1)}(\omega) = 1 + \frac{2}{\pi} P \int_0^\infty \frac{\varepsilon_{\alpha\beta}^{(2)}(\omega')\omega'}{\omega'^2 - \omega^2} \mathrm{d}\omega'$$

(8-5)

这样就得到了整个介电张量矩阵。在上述的计算过程中假设原子感受到的场强等于入射电磁波的场强, 也就是说忽略了局域场效应, 只计算线性光学参数。通过材料的线性介电张量矩阵可以得出材料的各种线性光学参数。

8.2.5.1　吸收系数

光在介质中传播而有衰减, 说明介质对光有吸收。用透射法测定光在介质中传播的衰减情况时, 发现介质中光的衰减率与光的强度成正比, 即:

$$\frac{\mathrm{d}I}{\mathrm{d}x} = -\alpha I$$

(8-6)

比例系数 α 的大小和光的强度无关，称为光的吸收系数。对式（8-6）积分得

$$I = I_0 e^{-\alpha x} \tag{8-7}$$

式（8-7）反映出吸收系数的物理含义为：当光在媒质中传播 $1/\alpha$ 距离时，其能量减弱到只有原来的 $1/e$。这种减弱是由于材料内部电子吸收光子发生跃迁导致的。吸收系数可以依靠介电张量矩阵获得：

$$\alpha(\omega) = \sqrt{2}\,\omega \left[\sqrt{\varepsilon_1^2(\omega) + \varepsilon_2^2(\omega)} - \varepsilon_1(\omega) \right]^{1/2} \tag{8-8}$$

式中，ε_1 和 ε_2 分别为介电函数的实部和虚部。

本书计算了纯的二维 GaN 及其修饰体系在入射光平行于 GaN 平面的两个方向及垂直于 GaN 平面的一个方向的吸收系数。纯的二维 GaN 在三个方向的吸收系数如图 8-12 所示，可以看出单层 GaN 吸收系数有更尖锐的峰，而随着层数的增加吸收系数峰变得平缓，这说明随着层数的增加纳米效应对吸收系数的影响显著下降。对于电场方向平行于 a 轴的情况和电场方向平行于 b 轴的情况，GaN 的吸收系数具有基本相同的曲线，这是由于 GaN 的六方结构有一条六重对称轴，a 轴方向和 b 轴方向相互对称。对于电磁波垂直衬底入射的情况（电场方向平行于 a 轴或 b 轴），单层和双层 GaN 从 2.4 eV（对应 517 nm 波长）开始对电磁波有明显吸收，而三层 GaN 从 1.8 eV（对应 689 nm 波长）开始对电磁波有明显吸收。对于电场方向平行于 c 轴的情况，单层 GaN 从 4.2 eV（对应 295 nm 波长）开始对电磁波有明显吸收，双层 GaN 从 3.0 eV（对应 413 nm 波长）开始对电磁波有明显吸收，三层 GaN 从 1.8 eV（对应 689 nm 波长）开始对电磁波有明显吸收。

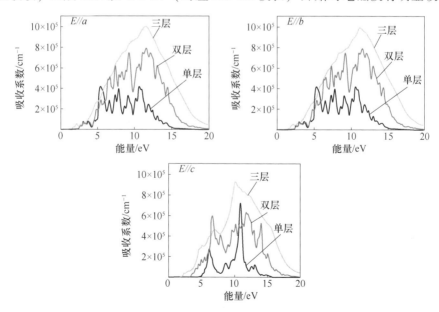

图 8-12 纯 GaN 在 3 种电场方向下的吸收系数

单层、双层和三层 GaN 的计算带隙分别为 1.8 eV、2.4 eV、1.4 eV，吸收系数出现明显边界处对应的能量大于带隙是因为半导体对光的吸收过程需要同时满足 3 个条件：能量守恒、动量守恒及选择定则。仅仅满足能量守恒还不足以发生明显的吸收现象。

Cs 修饰二维 GaN 体系在 3 个方向的吸收系数如图 8-13 所示，相比于单层 GaN 来说，Cs 修饰体系的吸收系数没有那么多峰谷，较为平滑，虽然保留了较大的峰，但峰值有所降低。

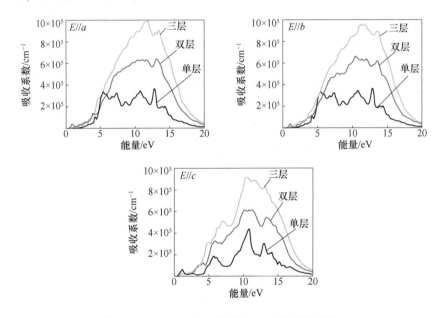

图 8-13　Cs-GaN 在 3 种电场方向下的吸收系数

O 修饰二维 GaN 体系在 3 个方向的吸收系数如图 8-14 所示，可以看出单层 GaN 氧原子修饰体系的吸收峰相比于单层 GaN 平缓了一些，这说明 O 原子的吸附终止了单层 GaN 表面部分悬挂键，减弱了纳米效应对吸收系数的影响。对于 $E//a$ 的情况和 $E//b$ 的情况，O 修饰二维 GaN 体系的吸收系数具有基本相同的曲线，说明氧原子的吸附没有改变整个体系的对称性。这其实是因为计算的原胞中只有一个吸附原子，当 O 原子吸附位置在 N 顶位置时，在 VASP 的周期性边界条件下体系的对称性必然不会改变。对于三层 GaN 氧原子修饰体系来说，其吸收限红移至 0 eV，这是因为三层 GaN 氧原子修饰体系的能带中费米能级已经进入导带，整个系统呈现金属性。$E//c$ 情况下氧原子的吸附导致单层体系在 6.7 eV 处的吸收峰增强了。

S 修饰二维 GaN 体系在 3 个方向的吸收系数如图 8-15 所示，可以看出对于 $E//a$ 情况和 $E//b$ 情况，两层和三层结构的吸收系数仍然具有基本相同的曲线，但单层结构在 0~5 eV 区间有所不同。单层结构中 S 原子的吸附位置位于氮桥中

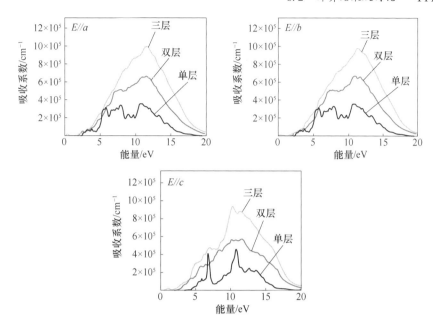

图 8-14 O-GaN 在 3 种电场方向下的吸收系数

央，此时系统对称性被打破，沿 a 轴方向的晶体结构与沿 b 轴方向的晶体结构不再相同。对比 S-GaN 单层的能带结构，可以看出 S 原子的吸附使系统在 0.7 eV 附近引入了 2 条能级，它们导致 S-GaN 单层的吸收曲线边红移。

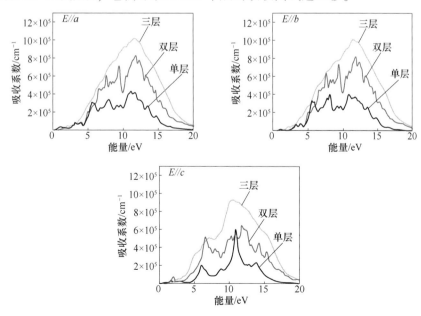

图 8-15 S-GaN 在 3 种电场方向下的吸收系数

分别计算了二维 GaN 以及其 O 修饰和 S 修饰体系的吸收系数，可以发现吸附原子会终止 GaN 表面部分悬挂键减弱纳米效应对吸收系数的影响，使吸收系数峰值变缓，能够引入新的能级改变吸收边。

8.2.5.2 折射率

折射率宏观上讲等于光在真空中的传播速度与光在该介质中的传播速度之比。介质的折射率通常由实验测定，有多种测量方法。对固体介质，常用最小偏向角法或自准直法，或通过迈克尔逊干涉仪利用等厚干涉的原理测出；液体介质常用临界角法通过阿贝折射仪测出；气体介质则用精密度更高的干涉法通过瑞利干涉仪测出。折射率可以依靠介电张量矩阵获得：

$$n(\omega) = \left[\frac{\sqrt{\varepsilon_1^2(\omega) + \varepsilon_2^2(\omega)} - \varepsilon_1(\omega)}{2} \right]^{1/2} \tag{8-9}$$

由图 8-16~图 8-19 可以看出，在低能部分，三层 GaN 具有更高的折射率，而在高能部分，单层 GaN 具有更高的折射率。O 修饰三层 GaN 体系对垂直入射的甚低频电磁波的折射率趋近于无穷大，这是由于其费米能级进入导带，体系显示出金属性，对于金属而言其折射率可以视为无穷大。

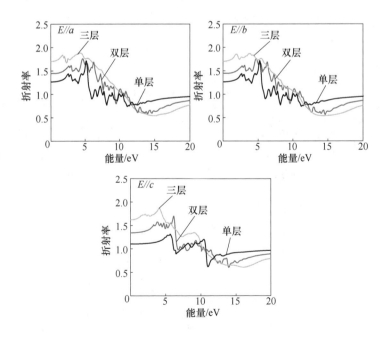

图 8-16 纯 GaN 在 3 种电场方向下的折射率

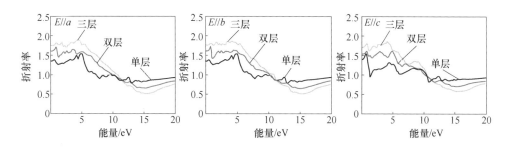

图 8-17 Cs-GaN 在 3 种电场方向下的折射率

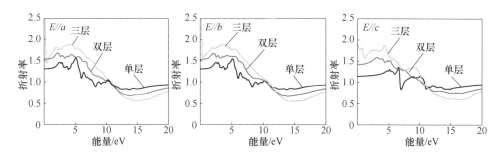

图 8-18 O-GaN 在 3 种电场方向下的折射率

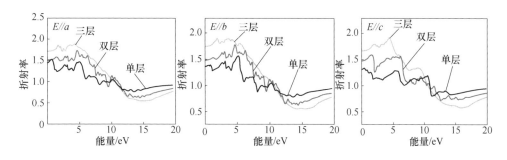

图 8-19 S-GaN 在 3 种电场方向下的折射率

8.2.5.3 反射率

反射率指的是物体反射的辐射能量占总辐射能量的百分比：

$$R(\omega) = \left| \frac{\sqrt{\varepsilon_1(\omega) + i\varepsilon_2(\omega)} - 1}{\sqrt{\varepsilon_1(\omega) + i\varepsilon_2(\omega)} + 1} \right|^2 \qquad (8\text{-}10)$$

图 8-20～图 8-23 分别为二维 GaN 及其 Cs、O、S 修饰体系的反射率计算

结果。总体来看，随着层数的增加反射率增大，由于多层 GaN 之间距离还不到 1 nm，而 0~20 eV 的电磁波波长较大，所以层数增加只会提高体系的反射率。如果入射电磁波较短，如波长为 0.15 nm 的 Cu 靶 X 射线，则反射率便和层数没有太大的关系了。对垂直入射和平行入射两种方式来说，垂直入射方式下二维 GaN 及其修饰体系对电磁波有更高的反射率，而且修饰前的反射率随入射电磁波频率变化大，这是由于修饰前 GaN 表面有更多的非成键电子，这些电子自由度更大，对不同频率的电磁波会达到电磁共振继而有更高的反射率。

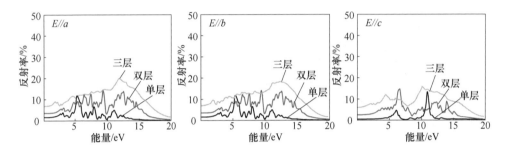

图 8-20　纯 GaN 在三种电场方向下的反射率

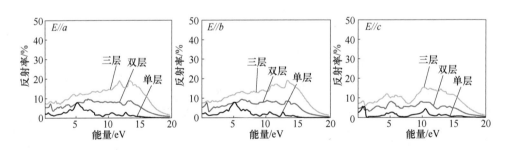

图 8-21　Cs-GaN 在三种电场方向下的反射率

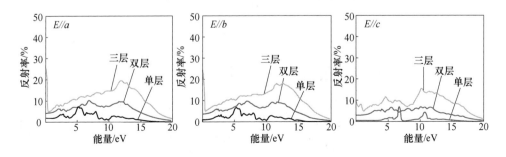

图 8-22　O-GaN 在三种电场方向下的反射率

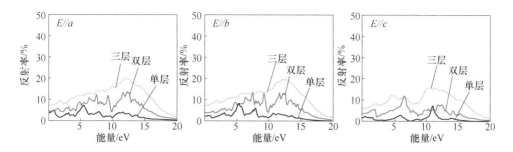

图 8-23　S-GaN 在三种电场方向下的反射率

本章介绍了密度泛函理论的理论基础，利用密度泛函理论计算了二维 GaN 及其修饰体系的能量、能带结构、自旋态密度、Bader 电荷布居及常见的光学参数。发现 Cs 修饰作用下二维 GaN 表现出金属性，并且随着层数的增加价带底向高能方向移动。S 修饰二维 GaN 体系价带顶部的态是 100% 自旋向下的，体系具有 2.000 μ_B 的磁性。O 修饰三层 GaN 体系表现出金属性，并且体系带有少量磁性。Cs、O、S 原子的修饰作用是由于修饰原子终止了二维 GaN 表面的悬挂键，削弱了表面量子效应。

参 考 文 献

[1] DONG L, YADAV S K, RAMPRASAD R, et al. Band gap tuning in GaN through equibiaxial in-plane strains [J]. Applied Physics Letters, 2010, 96 (20): 202106.

[2] TANG Q, CUI Y, LI Y, et al. How do surface and edge effects alter the electronic properties of GaN nanoribbons [J]. The Journal of Physical Chemistry C, 2011, 115 (5): 1724-1731.

[3] PERDEW J P, BURKE K, ERNZERHOF M. Generalized gradient approximation made simple [J]. Physical Review Letters, 1996, 77 (18): 3865-3868.

[4] SUN M, TANG W, REN Q, et al. First-principles study of the alkali earth metal atoms adsorption on graphene [J]. Applied Surface Science, 2015, 356: 668-673.

[5] SUN M, REN Q, ZHAO Y, et al. Electronic and magnetic properties of 4d series transition metal substituted graphene: A first-principles study [J]. Carbon, 2017, 120: 265-273.

[6] CUI Z, LI E. GaN nanocones field emitters with the selenium doping [J]. Opt Quant Electron, 2017, 49 (4): 146.

[7] MULLIKEN R S. Electronic population analysis on LCAO-MO molecular wave functions. Ⅳ. bonding and antibonding in LCAO and valence-bond theories [J]. Journal of Chemical Physics, 1955, 23 (12): 2343-2346.

[8] BADER F W. Atoms in molecules: A quantum theory [M]. New York: Oxford University Press, 1994.

［9］ IMRAN M，HUSSAIN F，RASHID M，et al. Comparison of electronic and optical properties of GaN monolayer and bulk structure：A first principle study ［J］. Surface Review and Letters，2016，23（4）：1650026.

［10］ 赵滨悦. 二维 GaN 基材料 CVD 制备与理论研究 ［D］. 西安：西安理工大学，2019.

9 钝化与掺杂二维 GaN 理论研究

钝化和掺杂是二维 GaN 材料研究中的两个重要方面，它们对材料的稳定性、电学性能及在光电器件中的应用具有重要影响。通过理论模拟，可以深入了解这些过程的机理，并为二维 GaN 材料的设计和应用提供指导。

9.1 参数设定与模型构建

9.1.1 软件参数设定

本章基于密度泛函理论平面波赝势方法，采用 VASP 软件进行计算。采用 PBE 函数[1]形式的 GGA 法来描述交换相关相互作用。GGA-PBE 法已被证明对表面研究非常有效[2-5]。其中平面波截断能量为 400 eV，在二维单层 GaN 平面的垂直方向上，真空空间设定值为 1.2 nm。k 点设置为 5×5×1。结构优化过程中，原子进行完全弛豫，收敛精度设置为 10^{-6} eV，结构优化原子间作用力收敛标准为 -0.01 eV/nm。

9.1.2 二维 GaN 基材料模型构建

图 9-1 是单层 GaN 平面结构和屈曲结构的模型。众所周知，半导体依靠本征自身激发产生的载流子数量太少，导电差，并且容易受到外部因素的影响。因此研究不同 Al 浓度（12.5%、50%、75%、100%）掺杂的 2D GaN 单层平面结构和屈曲结构的模型，如图 9-2 所示。以上所有模型均来自属于 $P6_3mc$ 空间群的理想六方纤锌矿超晶胞，对称性为 C_{6v-4}，GaN（AlN）的晶格参数 a = 0.3216 nm（0.3110 nm），c = 0.5240 nm（0.4980 nm）。GaN 平面结构属于类石墨烯结构，具有平面、蜂窝状的特点，是典型的二维材料结构。而选择 GaN 屈曲结构研究是由于屈曲结构比平面结构有更强的负结合能，更稳定，被证明是二维氮化物的优选结构[6]，用 H 原子来钝化 GaN 表面的 N、Ga 悬挂键，避免产生表面效应。以上模型均采用 4×4×1 的超晶胞。

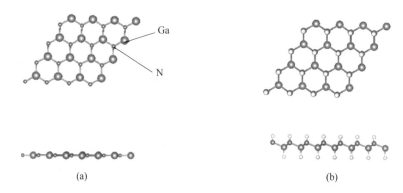

图 9-1 二维 GaN 单层平面结构模型 （a） 和二维 GaN 单层屈曲结构模型 （b）

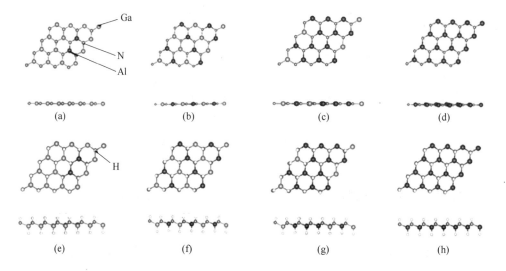

图 9-2 不同 Al 浓度掺杂二维 GaN 单层平面及屈曲结构模型

（a） 12.5%Al，平面； （b） 50%Al，平面； （c） 75%Al，平面； （d） 100%Al，平面；

（e） 12.5%Al，屈曲； （f） 50%Al，屈曲； （g） 75%Al，屈曲； （h） 100%Al，屈曲

9.2 计算结果与讨论

9.2.1 形成能计算

不同的掺杂位置对整个掺杂结构的稳定性会有不同的结果。对于不同浓度 Al 掺杂的 2D GaN 的两种结构，分别计算了系统的形成能，形成能公式如下：

$$E_{\text{form}} = E_{\text{total}} - E_{\text{pure}} - (E_{\text{Al}} - E_{\text{Ga}}) \tag{9-1}$$

式中，E_{total} 为含有杂质体系的总能量；E_{pure} 为与掺杂体系相同大小的纯 GaN 超晶

胞的总能量；E_{Al}为替位式掺杂原子在掺杂体系中的能量；E_{Ga}为 Ga 原子的能量，其值为单位原子总能。E_{form}越小，说明替位反应越容易进行，所形成的结构越稳定。经过计算可得各个结构的形成能见表 9-1。

表 9-1　不同 Al 掺杂浓度下的形成能计算

Al 掺杂浓度/%	平面结构/eV	屈曲结构/eV
12.5	−6.164857	−6.465478
50	−63.537575	−97.727956
75	−81.413877	−96.430855

由表 9-1 可以看出，对于二维单层 GaN 而言，无论平面结构还是屈曲结构，Al 掺杂后系统的形成能都为负值，形成能越小体系越稳定，因此本书的掺杂结构被证明是可行的，是稳定的掺杂结构。除此之外，发现在相同的掺杂浓度下，两种结构中屈曲结构的形成能是最小的，说明 Al 掺杂体系中屈曲结构比平面结构有更强的稳定性。对掺杂模型进行更进一步的优化计算，包括电子结构、光学性质及差分电荷密度。

9.2.2　晶格参数优化

为了更好地对比，对本征 GaN 进行分析。对于优化后的 2D 单层 GaN 平面结构，Ga—N 键长为 0.188 nm，晶格常数 $a = 0.325$ nm，而优化后的屈曲结构 Ga—N 键长为 0.2 nm，晶格常数 $a = 0.322$ nm 与参考文献基本相符[7]。因为原子半径不同，Al 掺杂 2D GaN 后的参数见表 9-2 和表 9-3。可以发现，优化后的晶格参数 a 随 Al 原子掺杂浓度的增加而减小，这是因为 Al^{3+} 的半径（0.0535 nm）小于 Ga^{3+} 的半径（0.0620 nm），故而导致键长变短，晶胞体积减小[8]。

表 9-2　2D GaN 单层平面结构优化后晶格参数　　　　　　（nm）

晶格常数与键长	GaN	12.5%Al 浓度	50%Al 浓度	75%Al 浓度	AlN
晶格常数	0.325	0.323	0.322	0.322	0.311
Ga—N 键长	0.188	0.187	0.189	0.191	—
Al—N 键长	—	0.181	0.182	0.184	0.180

表 9-3　2D GaN 单层屈曲结构优化后晶格参数　　　　　　（nm）

晶格常数与键长	GaN	12.5%Al 浓度	50%Al 浓度	75%Al 浓度	AlN
晶格常数	0.322	0.322	0.318	0.316	0.313

晶格常数与键长	GaN	12.5%Al 浓度	50%Al 浓度	75%Al 浓度	AlN
Ga—N 键长	0.200	0.200	0.201	0.203	—
Al—N 键长	—	0.193	0.191	0.191	0.193
N—H 键长	0.103	0.102	0.103	0.103	0.103
Ga—H 键长	0.158	0.157	0.156	0.155	—
Al—H 键长	—	0.159	0.159	0.157	0.158

9.2.3　能带与电子态密度

为了更好地分析 Al 掺杂对二维单层 GaN 电子结构的影响，列出本征单层 GaN 的能带结构及态密度分析作为对比。将所有结构的能带统一选取为包含费米能级在内的 $-4 \sim 4$ eV，如图 9-3 所示，其中 0 附近的线条表示费米能级。由图 9-3 (a) 可知，平面结构的单层 GaN 是间接带隙半导体，价带顶位于布里渊区 G 点与 K 点之间，导带底在布里渊区 G 点，本征结构的禁带宽度为 2.00 eV，该值与其他文献相符[7]，但低于实验值 4.98 eV[6]，原因是广义梯度近似会过大估计 Ga 的 $3d$ 态，计算的能隙值偏小[9]。当 Al 掺杂浓度从 $0 \sim 100\%$ 发生变化时，Al

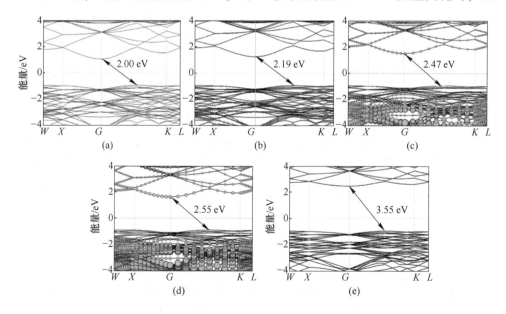

图 9-3　不同 Al 浓度掺杂的二维单层 GaN 平面结构的能带结构

(a) 本征模型；(b) 12.5%Al；(c) 50%Al；(d) 75%Al；(e) 100%Al

原子对价带和导带的贡献逐渐增大，并且导带底大幅向上朝高能量方向移动，渐渐远离费米能级。由图 9-3 可读出 Al 掺杂浓度分别为 0、12.5%、50%、75%、100% 的二维单层 GaN 平面结构带隙为 2.00 eV、2.19 eV、2.47 eV、2.55 eV 和 3.55 eV，带隙值随掺杂浓度线性增大。由于 Al 掺杂对单层 GaN 的电子结构有明显的影响，因此可以通过控制 Al 的掺杂浓度来调节 $Al_{1-x}Ga_xN$ 合金的带隙。

从图 9-4 中可以看出，本征的单层 GaN 是直接带隙半导体，价带顶和导带底都位于布里渊区 G 点，禁带宽度为 3.16eV，并且导带底主要由 Ga-4s、Ga-4p 态和 N-2s、N-2p 态轨道组成，价带顶由 Ga-4p、N-2p、H-s 态组成，这与其他参考文献相符[10]。与 GaN 不同，屈曲结构的 AlN 是间接带隙半导体，价带顶位于布里渊区 G 点与 K 点之间，导带底在布里渊区 G 点，其禁带宽度为 3.55 eV。从图 9-4 可以看出，Al 掺杂浓度分别为 0、12.5%、50%、75%、100% 的二维单层 GaN 屈曲结构带隙为 3.16 eV、3.33 eV、3.72 eV、3.63 eV 和 3.55 eV。起初随 Al 掺杂浓度增大，单层 GaN 的带隙也随之增大；当 Al 掺杂浓度达到 50% 时，带隙值也达到最大值 3.72 eV，并由直接带隙变为了间接带隙；而当浓度继续增大时，带隙却发生了下降，最终变为 AlN 后，带隙降到了 3.55 eV。另外，通过与平面结构对比，我们可以明显地发现，屈曲结构的带隙要远远大于平面结构的带隙，并且由于 GaN 固有的直接带隙特性，弯曲的结构对于发光体更具有吸引力[10]。

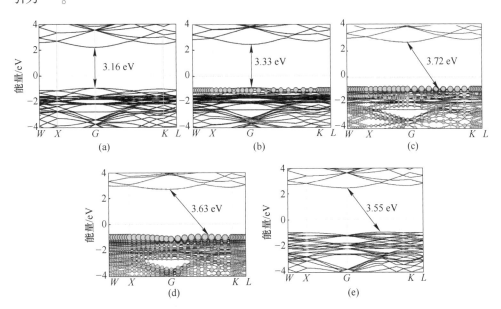

图 9-4　不同 Al 浓度掺杂的二维单层 GaN 屈曲结构的能带结构
（a）本征模型；（b）12.5%Al；（c）50%Al；（d）75%Al；（e）100%Al

　　将单层平面结构和屈曲结构的 10 种模型计算出的带隙放在一起进行对比，从图 9-5 中发现二维单层 GaN 的带隙远远大于三维 GaN 的带隙（1.7 eV）[11]，这说明二维结构 GaN 具有超宽带隙，可以允许设备在超高电压、频率或温度下运行。此外，无论是哪种结构，随着掺杂的 Al 原子个数逐渐增加，二维单层 GaN 的能带都发生了明显的变化，且 Al 掺杂后结构的带隙都大于本征 GaN 的带隙，因此可以通过控制 Al 的掺杂浓度来调控二维单层 GaN 的电子结构，改善带隙。当表面悬挂键被钝化时，二维单层 GaN 在屈曲结构下是最稳定的，它的带隙值远远大于平面结构，量子限制效应也更加显著，因此它对光电子器件的实现有着重大的影响，是未来发光应用潜在的候选材料[12]。

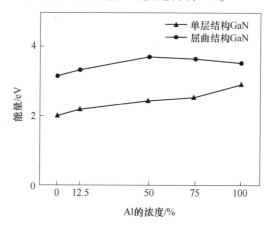

图 9-5　两种结构分别在不同 Al 掺杂浓度下的能带变化

9.2.4　差分电荷密度分析

　　由于掺杂会引起电荷的重新分布，所以本章计算了不同浓度 Al 掺杂后的体系的差分电荷密度。差分电荷密度主要研究掺杂后原子之间的电荷分布状态与转移还有原子之间的成键状态，其定义为成键后的电荷密度与对应的点的原子电荷密度之差[10]：

$$\Delta\rho = \rho_{total} - \rho_{GaN} - \rho_{Al} - \rho_{H} \tag{9-2}$$

式中，ρ_{total} 为原子结合后体系的总电荷密度；ρ_{GaN}、ρ_{Al}、ρ_{H} 分别为孤立原子的电荷密度。不同原子成键时的极化方向键合电子信息和电荷移动都可以清楚地通过计算差分电荷密度获得。

　　图 9-6 分别给出了 12.5%、50%、75% 的 Al 掺杂浓度下的单层 GaN 平面结构的差分电荷密度图。可以看出，在 Al 原子和 N 原子之间都出现电荷积聚；而在 Al 原子周围也出现了电荷损失，并且相邻的 Al 原子之间还产生剧烈的电荷转移。因此，掺杂 Al 原子可以激发单层 GaN 中产生更多的大电荷转移，从而提高单层 GaN 的导电率。

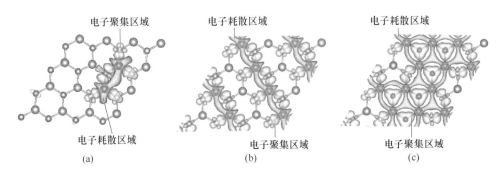

图 9-6 不同 Al 掺杂浓度 2D GaN 平面结构的差分电荷密度图
（a）12.5%；（b）50%；（c）75%

从图 9-7 和图 9-8 中的屈曲结构差分电荷可以看出，除了跟平面结构有相同的电荷转移和电荷积聚之外，在 H—Ga 键之间存在电荷积聚，H—N 键之间还发生了电荷转移。另外，从图 9-7（b）中可以看出，在 Al 原子周围只有少量的电荷损失，而 Al 原子之间并没有像平面结构那样产生剧烈的电荷转移，这说明此时结构的性质已经趋向于屈曲结构的 2D AlN，这与之前的能带结构分析相对应。总之，所有掺杂体系中的大电荷转移是杂质原子与 GaN 之间强烈相互作用的结果，从而形成系统的高稳定性。

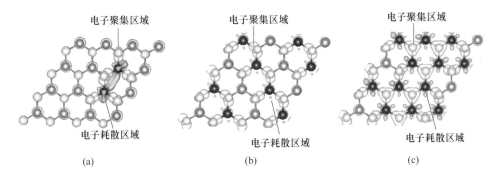

图 9-7 不同 Al 掺杂浓度 2D GaN 屈曲结构的差分电荷密度图
（a）12.5%；（b）50%；（c）75%

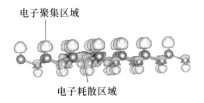

图 9-8 12.5% Al 掺杂浓度的单层 GaN 屈曲结构的差分电荷侧视图

9.2.5　光学特性分析

二维纳米材料的成分结构（电子能级、电子缺陷态和电子态等）影响着其光学特性。分析光学性能可以更好地预测材料的性能并且进一步拓展材料的应用前景。电子跃迁发光可以通过光谱表示，当分界表面没有声子发光时，光学常数与入射光能量符合 Kramers-Kronig 色散关系[13]。

介电函数 $\varepsilon(\omega)$ 可以较为准确地描述材料的光学性质。其中，$\varepsilon_1(\omega)$ 表示介电函数的实部，$\varepsilon_2(\omega)$ 表示为介电函数的虚部，ω 表示光子频率：

$$\varepsilon(\omega) = \varepsilon_1(\omega) + i\varepsilon_2(\omega) \tag{9-3}$$

$$\varepsilon_1(\omega) = 1 + \frac{2}{\pi}\int_0^\infty \frac{\omega'\varepsilon_2(\omega')}{(\omega')^2 - \omega^2}\mathrm{d}\omega' \tag{9-4}$$

$$\varepsilon_2(\omega) = \frac{C}{\omega^2}\sum_{c,v}\int_{BZ}\frac{2}{(2\pi)^3}\,|\boldsymbol{M}_{cv}(\boldsymbol{K})|^2\delta(E_c^{\boldsymbol{K}} - E_v^{\boldsymbol{K}} - \hbar\omega)\,d^3\boldsymbol{K} \tag{9-5}$$

式中，下角 c 为导带；下角 v 为价带；$\boldsymbol{K}$ 为电子波的方向矢量；$\boldsymbol{M}$ 为动量矩阵；BZ 为第一布里渊区；$E_c^{\boldsymbol{K}}$ 为导带的本征能级；$E_v^{\boldsymbol{K}}$ 为价带本征能级；$\hbar$ 为普朗克常数。

对以上 10 种二维 GaN 纳米材料模型分别计算光学特性信息并绘图分析结果。

9.2.5.1　二维单层 GaN 基材料平面结构的介电函数

分别计算两种结构在不同 Al 掺杂浓度下的介电函数，图 9-9 为不同 Al 掺杂浓度下 2D GaN 平面结构的 $\varepsilon(\omega)$ 随光子能量变化的曲线，其中左侧一列为介电函数的实部，右侧一列为介电函数的虚部。从介电函数虚部图可以看出，本征二维 GaN 结构在光子能量为 10~11 eV 时，$\varepsilon_1(\omega)<0$，光无法通过，材料在此频域下具有金属反射性。5 种结构的静态介电常数分别为 1.28、1.26、1.16、1.19、1.40，当 Al 掺杂浓度小于 50% 时，介电常数逐渐减小；当掺杂浓度为 50% 时，介电常数达到最小值 1.16；而当掺杂浓度大于 50% 时，介电常数开始增大。介电常数的大小反映了外加电场对媒质的影响，表示了存储电场能力的大小[14]，介电常数和电容呈线性关系。此外，5 种平面结构的 $\varepsilon_1(\omega)$ 在 5 eV 和 10 eV 左

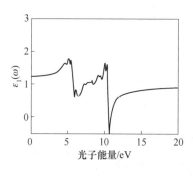
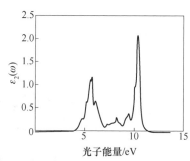

(a)

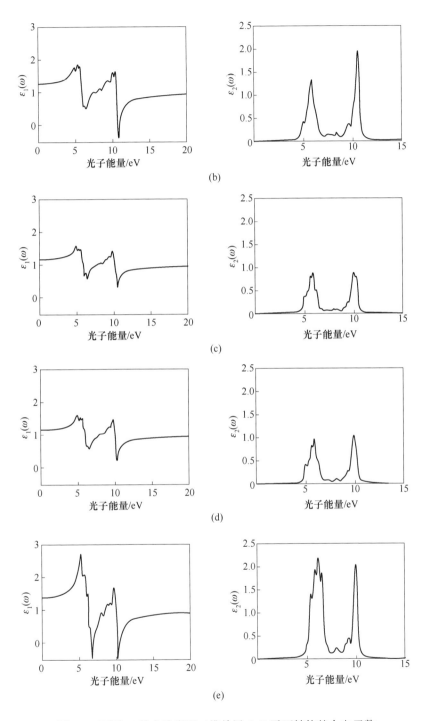

图 9-9 不同 Al 掺杂浓度下二维单层 GaN 平面结构的介电函数

（a）本征模型；（b）12.5%Al；（c）50%Al；（d）75%Al；（e）100%Al

右处出现特征峰，之后 $\varepsilon_1(\omega)$ 减小，此时电子对光的吸收增强且吸收系数增大，也表明材料的反射强度逐渐减弱。

图 9-9 右侧一列为不同 Al 掺杂浓度下 2D GaN 平面结构的介电函数虚部，从 $\varepsilon_2(\omega)$ 可以看出 5 种结构的吸收边与各种对应的带隙基本对应一致。平面结构的本征单层 GaN 的 $\varepsilon_2(\omega)$ 分别在 5.83 eV、10.49 eV 附近出现了两个主介电峰，第一个主介电峰位于 5.83 eV，对应价带中的 N-2p（-1.33 eV）与导带内的 Ga-4p（4.48 eV）之间的间接跃迁。主介电峰峰值对应的是最大的电导率、最大的能量损耗、最大的吸收系数及最小的反射系数。随着 Al 掺杂浓度的增大，主介电峰对应于价带中的 N-2p 与导带内的 Al-3p 之间的间接跃迁，并且介电峰位置发生了"蓝移"现象，对紫外区吸收增加，这源于带隙变宽。吸收系数代表材料吸收光子的能量后，发生跃迁效应，因此可以从右侧的 $\varepsilon_2(\omega)$ 观察到，随着 Al 浓度的增大，吸收系数发生了明显的变化：Al 掺杂浓度从 0～50%，吸收系数降低，并当 Al 掺杂浓度等于 50% 时，达到最低值 0.88；随着浓度从 50%～100%，吸收系数开始逐渐增大，跃迁概率增加，最终掺杂浓度达到 100% 时，吸收系数增加到最大值 2.16。另外，与三维 GaN 不同[11]，以上 5 种结构的介电峰均发生在 4.8～12 eV 之间，这说明单层 GaN（AlN）是在深紫外范围内发射，结果与 Sanders 等人[13] 报道的基本一致。

9.2.5.2　二维单层 GaN 基材料屈曲结构的介电函数

图 9-10 是不同 Al 掺杂浓度下二维单层 GaN 屈曲结构的介电函数，左侧一列和右侧一列分别为介电函数的实部和虚部。5 种掺杂浓度对应的屈曲结构的静态介电常数分别为 1.29、1.44、1.73、1.71、1.52。与平面结构的变化相反，Al 掺杂浓度从 0～50% 变化时，介电常数增大，吸收系数增大，当掺杂浓度等于 50% 时，介电常数达到最大值 1.73，吸收系数同时也达到最大值 3.05；而随着掺杂浓度继续增大到 100%，介电常数与吸收系数都随之减小。本征单层 GaN 的 $\varepsilon_2(\omega)$ 分别在 8 eV 附近出现主介电峰，对应于价带中的 N-2p（-1.8 eV）与导带内的 Ga-4p（6.1 eV）之间的直接跃迁。随着 Al 掺杂浓度的增加，主介电峰位置

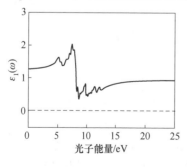
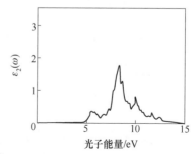

(a)

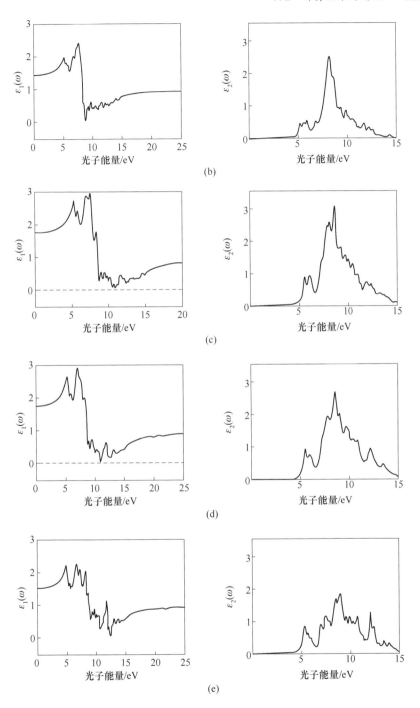

图 9-10 不同 Al 掺杂浓度下二维单层 GaN 屈曲结构的介电函数

（a）本征模型；（b）12.5%Al；（c）50%Al；（d）75%Al；（e）100%Al

对应于价带中的 N-2p 与导带内的 Al-3p 之间的间接跃迁。由图 9-10 可看出，屈曲结构 $\varepsilon_2(\omega)$ 中的主介电峰位置没有随掺杂浓度的增加发生明显的变化，但主介电峰的吸收强度发生巨大的变化，吸收系数增大会使材料电子空穴对增多，电子更易发生跃迁，从而改善材料的光学性质。并且在 5~14 eV 能量范围出现介电峰群，因此二维 GaN 材料在杀菌净水工艺都有潜在的应用前景[12]。

本章使用第一性原理分别研究了平面和屈曲结构下的单层 GaN 及在不同 Al 掺杂浓度下的电子结构及光学性质，包括能带结构、电子态密度、差分电荷密度、介电函数等。结果表明：

（1）根据能带结构分析，平面结构的单层 GaN 是间接带隙半导体（2.00 eV），而其屈曲结构为直接带隙半导体（3.16 eV），相差 1.16 eV。与三维 GaN 相比（1.7 eV），二维 GaN 的带隙远大于三维 GaN 材料的带隙，这使得电子元件即使在高压下也可保持耐久性。随着 Al 掺杂浓度的增加，平面结构的带隙随之增大；屈曲结构的 2D GaN 在掺杂浓度为 50% 时，从直接带隙变为间接带隙，带隙值下降。因此可以通过 Al$_x$Ga$_{1-x}$N 合金来调控二维 GaN 的带隙。

（2）从差分电荷密度分析可得出掺杂 Al 原子可以激发单层 GaN 中产生更多的大电荷转移，从而能够提高单层 GaN 的导电率。

（3）根据光学性质计算分析发现，与本征平面结构 GaN 相比，Al 掺杂 GaN 体系后介电峰发生"蓝移"现象，随着 Al 掺杂浓度的增大，吸收系数先减小后增大；对于屈曲结构 2D GaN 来说，随着掺杂浓度的增大其吸收强度先增强后减小，总之，Al 掺杂使其吸收强度发生明显变化，可以作为调控二维 GaN 光学性质的依据。另外，由于极端的量子限制也可控制其发光特性[6,12]，因此如何调控 2D GaN 的光学性质，对光电子器件的制造有着重大的影响。

（4）根据光学性质分析，与三维的 GaN 相比，单层 GaN 都在深紫外范围内发射，因此 2D GaN 纳米材料在紫外光探测器领域及杀菌净水工艺方面均有潜在的应用前景。

参 考 文 献

[1] KRESSE G, FURTHMÜLLER J. Efficiency of ab-initio total energy calculations for metals and semiconductors using a plane-wave basis set [J]. Computational Materials Science, 1996, 6: 15-50.

[2] PERDEW J P, BURKE K, ERNZERHOF M. Generalized gradient approximation made simple [J]. Physical Review Letters, 1996, 77 (18): 3865.

[3] SUN M, TANG W, REN Q, et al. First-principles study of the alkali earth metal atoms adsorption on graphene [J]. Applied Surface Science, 2015, 356: 668-673.

[4] SUN M, REN Q, ZHAO Y, et al. Electronic and magnetic properties of 4d series transition metal substituted graphene: A first-principles study [J]. Carbon, 2017, 120: 265-273.

［5］ CUI Z, LI E. GaN nanocones field emitters with the selenium doping ［J］. Opt Quant Electron, 2017, 49 (4): 146.

［6］ AL BALUSHI Z Y, WANG K, GHOSH R K, et al. Two-dimensional gallium nitride realized via graphene encapsulation ［J］. Nature Materials, 2016, 15 (11): 1166.

［7］ ONEN A, KECIK D, DURGUN E, et al. GaN: From three- to two-dimensional single-layer crystal and its multilayer van der Waals solids ［J］. Physical Review B, 2016, 93 (8): 085431.

［8］ XIA S, LIU L, DIAO Y, et al. Atomic structures and electronic properties of Ⅲ-nitride alloy nanowires: A first-principle study ［J］. Computational & Theoretical Chemistry, 2016, 1096: 45-53.

［9］ TANG Z R, YIN X, ZHANG Y, et al. Synthesis of titanate nanotube-cds nanocomposites with enhanced visible light photocatalytic activity ［J］. Inorganic Chemistry, 2013, 52 (20): 11758-11766.

［10］ WANG V, WU Z Q, KAWAZOE Y, et al. Tunable band gaps of $In_xGa_{1-x}N$ alloys: From bulk to two-dimensional limit ［J］. The Journal of Physical Chemistry C, 2018, 122 (12): 6930-6942.

［11］ 陆稳, 雷天民. 纤锌矿 GaN 光电性质的第一性原理研究 ［J］. 电子科技, 2009, 22 (5): 55-58.

［12］ GROSSE P, OFFERMANN V. Analysis of reflectance data using the Kramers-Kronig relations ［J］. Applied Physics A, 1991, 52 (2): 138-144.

［13］ SANDERS N, BAYERL D, SHI G, et al. Electronic and optical properties of two-dimensional GaN from first-principles calculations ［J］. Nano Letters, 2017, 17: 7345-7349.

［14］ VALEDBAGI S, ELAHI S M, ABOLHASSANI M R, et al. Effects of vacancies on electronic and optical properties of GaN nanosheet: A density functional study ［J］. Optical Materials, 2015, 47: 44-45.

10 二维 GaN 的电子与光谱特性

二维 GaN 的电子与光谱特性研究是当前材料科学和纳米电子学领域备受关注的重要课题之一。通过理论计算可以提供对实验现象的解释和预测，指导实验设计和数据解读，从而推动对 2D GaN 电子与光谱特性的深入理解和应用。

10.1 屈曲结构 GaN 的电子与光谱特性

10.1.1 屈曲 GaN 简介

随着对第三代半导体的研究深入，GaN 材料凭借其宽带隙（3.4 eV）、优秀的载流子迁移率和高效发光的能带结构而成为第三代半导体的领头羊，所以它也引起了全世界各地学者的广泛关注。虽然屈曲 GaN 的俯视结构与石墨烯类似[1]，但是由于层间是由共价键键合在一起，因此 GaN 晶体具备很高的结构稳定性。现有的一些研究报告表明，GaN 的性质会随着层数变化而改变，尤其是在少层情况下，性质随着层数的改变是十分显著的。本节基于第一性原理，首先对它的单层、双层和三层屈曲 GaN 的电子性质进行分析研究，然后进一步对其光谱学特性进行分析探究。此外，为了保证屈曲的结构及解决少层情况下的稳定性问题，对每个体系最外层上的原子进行钝化处理。

10.1.2 计算方法

本章中的体系都是使用基于第一性原理的计算软件（VASP、ABINIT），电子特性方面使用 PAW[2] 法进行模拟，交换关联式泛函选用 HSE06 杂化泛函[3]。平面截断能设置为 550 eV，对布里渊区进行 10×10×1 的 Monkhorst-Pack 网格划分并进行自洽计算。为了保证体系内原子不受干扰，构建模型时在垂直方向加入了 1 nm 的真空层。当原子间作用力和总能量的自洽精度分别小于 0.001 eV/nm 和 10^{-7} eV 时，整个体系将完全弛豫。在计算拉曼光谱时使用模守恒赝势，截断能设置为（1360.5 eV），原子间作用力和总能量的自洽精度分别增加到 10^{-4} eV/nm 和 10^{-8} eV。

10.1.3 结果与讨论

与六方纤锌矿 GaN 的结构一样，二维屈曲 GaN 也是由 Ga 原子和 N 原子的六方密堆积晶格相互嵌套构成，嵌套后每个晶格都包含有 Ga 和 N 两种原子，并且最外侧的 Ga 原子、N 原子用 H 原子钝化来降低单层体系下表面的活化能。单层、双层和三层屈曲 GaN 均属于 6mm 点群，晶格常数 $a=b=0.321$ nm，这与其他文献上所报告的结果一致[4]。随后分别构建了单层、双层和三层屈曲 GaN 原子模型，优化后屈曲 GaN 的侧视图和俯视图如图 10-1 所示。在侧视图中可以看出，随着层数的增加，层间距并没有呈现出明显增加或减小的趋势，这表明每层 Ga 原子和 N 原子间的相互作用力没有发生变化，也从侧面说明了整个屈曲系统的稳定性。此外，屈曲 GaN 最外层的每个 N 原子和 Ga 原子都被 H 原子钝化，区别在于镓原子（d_1）和氮原子（d_2）的钝化距离有所不同。优化后的 Ga—H 和 N—H 之间的钝化距离分别为 $d_1=0.158$ nm 和 $d_2=0.103$ nm，不同的钝化距离意味着 Ga 原子和 N 原子与 H 原子之间相互作用力不一致，这并不会影响少层 GaN 的电子特性。

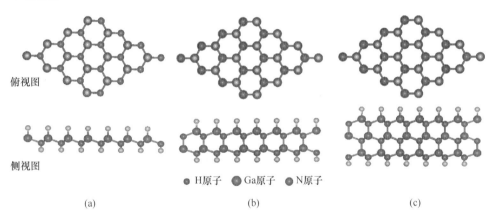

俯视图   侧视图

● H原子   ● Ga原子   ● N原子

(a)   (b)   (c)

图 10-1 屈曲 GaN 结构单层（a）、双层（b）及三层（c）俯视和侧视的原子构型图

此前有报道指出，氢钝化后的多层二维屈曲 GaN 会比相应的平面结构更加稳定，这是因为钝化会降低体系表面的活化能从而使得体系更为稳定[5-7]。利用密度泛函微扰理论的声子计算对 3 种体系机械稳定性进行探究，结果如图 10-2 所示。所有声学波的振动频率在布里渊区中心处为零，几乎没有虚频，证明 3 种结构具有良好的机械稳定性。与以往未钝化 GaN 的声子谱不同的是[8]，3 个结构中都出现了两种高频光学振动模式。这两种光学振动模式的频率也远大于其他光学和声学振动模式的频率，高频光学模式的产生是由大量的极化电荷对光学声子的多次散射造成，这将是钝化结构的一个独特特征。

屈曲结构内部电荷积聚导致了声子色散曲线出现两条高频振动模式，电荷的积聚是因为屈曲结构内部存在独特的电荷转移。因此研究了 3 种屈曲结构 GaN 内的电荷转移情况，结果见表 10-1。考虑到同一个原子在不同结构上的得失不同，

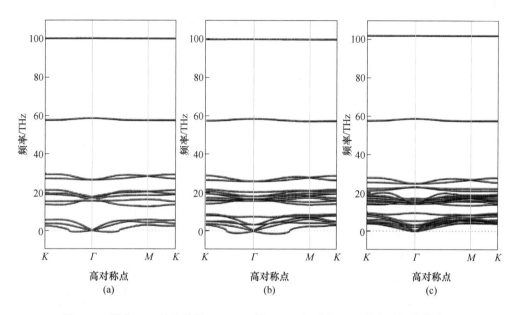

图 10-2 屈曲 GaN 结构单层（a）、双层（b）及三层（c）的声子色散曲线图

表中电荷的正负分别代表该原子处聚集或者耗散的电荷量。此外，Ga_1、Ga_2、Ga_3、N_1、N_2、N_3 等分别表示位于底层、中层和上层的 Ga 原子和 N 原子；H_1 和 H_2 分别代表钝化在 N 原子和 Ga 原子上的 H 原子。表中各原子之间均存在一定量的电荷得失且电荷的主要受主是 N 原子，主要施主则是 Ga 原子。伴随着层数的增加，N、Ga 原子间的电荷转移量逐渐增加，此外，三层结构中非钝化原子之间（Ga_2、N_2）的电荷转移量一般大于钝化位置处原子之间（Ga_3、N_1）的电荷转移量。前者代表电荷的层间转移而后者则代表电荷的平面内转移，这表明随着层数的增加更多的电荷通过层间进行转移。有趣的是，体系在垂直方向两端的 H 原子处电荷积累情况完全相反，这说明层间电荷转移是定向的，电荷定向转移的结果是处于体系最外层的原子附近聚集/耗散了大量的电荷。上述结果表明，材料垂直方向的电荷积聚不单单是来自某一层电荷的积累，而且是结构在垂直方向上整体电荷迁移的结果。

表 10-1 单层、双层和三层屈曲 GaN 的 Bader 电荷量 （以 |e| 计）

屈曲结构	H_1	H_2	Ga_1	Ga_2	Ga_3	N_1	N_2	N_3
屈曲单层	−0.341	0.330	−1.301	—	—	1.312	—	—
屈曲双层	−0.346	0.303	−1.389	−1.275	—	1.321	1.387	—
屈曲三层	−0.372	0.319	−1.393	−1.408	−1.272	1.337	1.397	1.391

　　屈曲结构大量的电荷在垂直方向的转移最终会导致整体结构中的空间电荷分布不均匀，从表 10-1 可以看出，层间电荷转移的数量随着层数的增加而增加。这将进一步放大钝化原子和最外层原子间在垂直方向上的电荷积累，并导致材料空间电荷分布不均，引起电势差的出现。随后进一步探索了 3 种 GaN 沿垂直方向的静电势能曲线，如图 10-3 所示。图 10-3 中最直观的一个特点是 3 种体系都沿着垂直方向出现电势差异，表明屈曲结构电荷的空间分布是不均匀的，在引起电势差以后会催生出极化场。同时，这种势能差也随着垂直方向原子层数的增加而增加，说明沿该方向的电荷转移量随着原子层数的增加而增加，导致体系两端的势能差进一步增加。

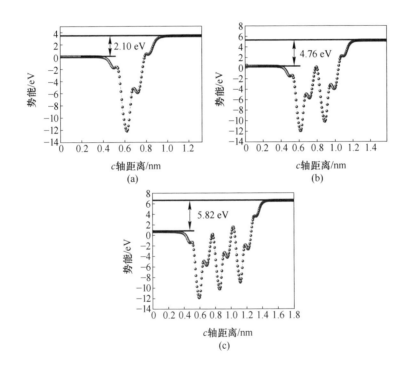

图 10-3　屈曲 GaN 结构单层（a）、双层（b）及三层（c）的静电势曲线图

　　图 10-4 显示了由 HSE06 杂化泛函计算的单层、双层和三层氢钝化屈曲 GaN 的能带结构。在带隙方面，随着层数的增加，整体结构的带隙呈现下降趋势。单层屈曲 GaN 的带隙为 4.51 eV，高于双层屈曲 GaN 的 2.47 eV 和三层屈曲 GaN 的 1.92 eV。此前有报道指出，单层和双层之间巨大的带隙差异主要是由于单层结构的强量子限制效应，而量子限制效应的影响会随着层数的增加而逐渐减弱。随着层数的增加，量子限制效应大大减弱，电荷可以实现在轨道内以相对较少的能量跃迁为自由电子并进行定向转移。

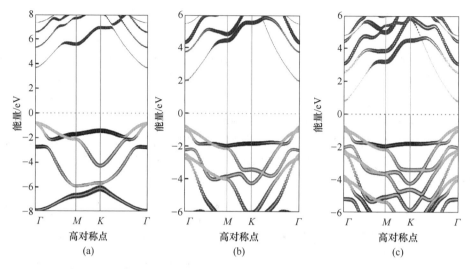

图 10-4 屈曲 GaN 结构单层（a）、双层（b）及三层（c）的能带图

能带带隙的变化主要是由原子间相互作用引起的，原子间相互作用变强意味着核外电子轨道交叠得更强烈并最终导致电子以更少的能量即可发生跃迁。这也从侧面说明，对于层间密切交流的 GaN，层数的变化会引起晶体结构方面的变化，其本质就是晶格振动的频率和强度发生变化。结合拉曼光谱和密度泛函微扰理论对 H 钝化屈曲 GaN 的结构进行了表征，如图 10-5 所示。屈曲结构尽可能保

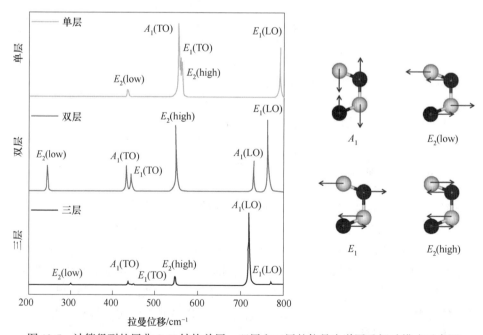

图 10-5 计算得到的屈曲 GaN 结构单层、双层和三层的拉曼光谱图及振动模式示意图

持纤锌矿 GaN 的原子结构，属于 C_{6v} 点群，因此也具有与纤锌矿 GaN 相似的振动模式（$A_1+E_1+2E_2$）。从图 10-5 中可看出，单层结构缺乏高频极性 $A_1(LO)$ 振动模式，$E_2(\text{low})$ 振动模式显示出大尺度蓝移。首先，H 原子的钝化效果不会改变结构本身的振动模式，高频极性 $A_1(LO)$ 振动模式是平行于 c 轴的纵向光学振动模式，在没有层间原子相互作用的情况下将禁止这种振动模式的出现。其次，由于单层结构中的 Ga 原子和 N 原子之间存在水平方向的极性振动模式，在极化场的作用下会增加平面剪切振动模式的恢复力（$E_2(\text{low})$），使其频率变大。在两层和三层结构中，情况就不同了，A_1 和 E_1 的横向光学模式和 $E_2(\text{low})$ 的红移表明结构内部原子之间平面振动频率减弱，电子也将不再受到极化场的作用并且突破量子限制效应的束缚，表现为带隙的下降。有趣的是，三层结构中高频极性 A_1 (LO) 振动模式的相对振动强度和频率改变显著，这表明屈曲结构内部原子振动变为垂直方向的极性振动，且振动峰的峰位随层数的增加逐渐红移。

10.2 平面结构 GaN 的电子与光谱特性

10.2.1 平面 GaN 简介

受机械剥离石墨成功获得石墨烯的启发，研究人员相继获得了大量的类石墨烯二维材料，如过渡金属硫化物（MoS_2、WS_2）、二维 BN 和二维单质元素（黑磷、β-碲烯）等。这些二维材料有一个共同的特点，即多层层间相互作用以范德华力为主，层间较弱的范德华力使各层保持一定程度的独立性，这使得材料很容易通过机械剥离的方式制备进而可以进行表面改性工作。A. Onen 等人提出了在实验中生长平面 GaN 的可能性，基于第一性原理，他们模拟计算了 g-GaN 在 Al [111] 面和蓝磷表面上的吸附体系的态密度，最终得出结论，3D 层状蓝色磷烯似乎是生长 g-GaN 单层和多层结构的理想衬底[8]。根据之前的报道可知，4 层以下的 GaN 可以以平面结构的形式存在，层间的相互作用会比一般的二维异质结构更强，这是因为 c 面 GaN 垂直叠层中 Ga 原子和 N 原子之间有强相互作用。与屈曲结构 GaN 类似，随着层数的变化，整体结构的性质会发生变化。基于此，构建了单层、双层和三层的平面结构 GaN 模型并分析研究其性质随着层数增加而发生的改变。因为计算方法与第 9 章完全一致，这里便不再赘述。

10.2.2 结果与讨论

与 H 钝化屈曲 GaN 结构不同，平面结构 GaN（g-GaN）原子都在同一水平面上，这是因为 Ga-sp^2 和 N-sp^2 杂化轨道沿 Ga—N 键形成了 σ 键，σ 键排列成扁平的六边形。此外，多层平面结构中层与层之间的 Ga 原子和 N 原子的 p_z 轨道垂直于 g-GaN 平面并形成了 π 键，并且相邻 p_z 轨道之间的 π 键保持了 g-GaN 的平面几何形状[9]。构建了平面 GaN 的单层到三层结构，优化后的示意图如图 10-6 所示。两层和三层结构的层通过范德华力连接，层间距为 0.246 nm，双层和三层的堆叠顺序为 Ga—N/Ga—N—Ga。虽然平面结构和相应的屈曲结构具有相同的晶格常数（$a=b=0.321$ nm），但屈曲结构 GaN 中四面体配位的 sp^3 杂化组成的 Ga—N 键比由平面 sp^2 杂化轨道加 p_z 轨道组成的 g-GaN 长 0.012 nm。这说明 g-GaN 在水平方上有更强的结合力，而四面体配位屈曲 GaN 则表现出整个结构的稳定性。

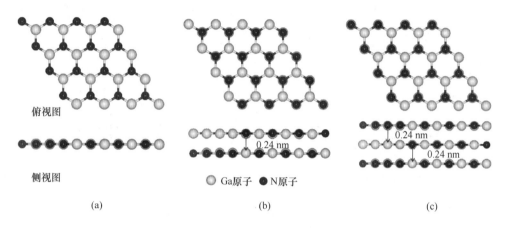

图 10-6 平面 GaN 结构单层（a）、双层（b）及三层（c）俯视和侧视的原子构型图

从声子色散曲线和分子动力学模拟两个方面测试了平面结构的机械稳定性和热力学稳定性，如图 10-7 所示，单层结构的声子谱有 3 个光分支和 3 个声分支，且它们都不存在钝化结构中出现的高频光学模式。3 种结构在布里渊区中心（Γ 点）没有虚频，只是单层、双层结构在布里渊区中心附近存在一点虚频，证明了多层结构的机械稳定性。但是，缺乏层间支撑的体系使双层及以上结构在较高温度下更容易变形。因此，在梯度温度下进行了分子动力学测试。图 10-8 显示了不同温度下的单层、双层和三层模型图。随着温度的升高（300 K→600 K→900 K），原子模型的失真增加，并且失真在 900 K 时最为显著。但是，即使在 900 K 的高温下，多层结构的垂直方向仍然没有塌陷和破坏，说明 GaN 平面结构的稳定性良好。

平面结构电荷转移情况见表 10-2。与屈曲结构相比，平面结构中的相邻 Ga 原子和 N 原子之间的电荷转移量增加，并且双层结构的两个不同层中的 Ga 原子的净电荷多于屈曲结构中不同层的 Ga 原子的净电荷。也就是说，在没有钝化原子形成外极化场的影响下，平面 GaN 会在水平方向上出现大量的电荷转移。虽然会有少数电子进行轨道内跃迁至 p_z 轨道形成孤对电子，但是由于没有层间轨道交叠，也就不会发生电荷的转移。最终，孤电子会重新跃迁回 p_x、p_y 轨道并在层

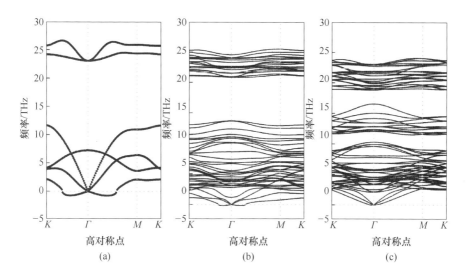

图 10-7 平面 GaN 结构单层（a）、双层（b）及三层（c）的声子色散曲线图

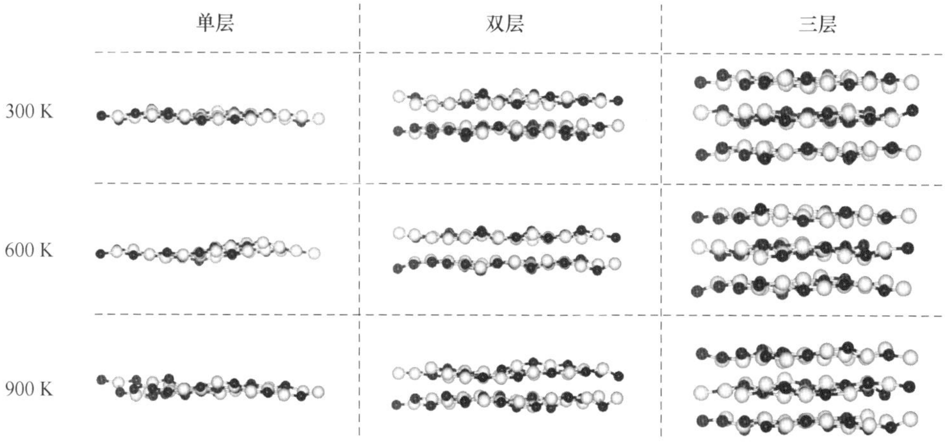

| 单层 | 双层 | 三层 |

300 K

600 K

900 K

图 10-8 处于不同温度下的平面 GaN 结构的分子动力学模拟原子模型图

内进行转移。于是，这种方式会大大抵消孤电子在原子表面上造成的结构畸变，并且保持了 g-GaN 的平面构型。然而，双层结构的上层 N 原子却获得了更多的电子，这是因为上层 N 原子在空间范围内产生极化场并吸引电荷靠近。尤其在三层结构中，中间层 Ga—N 之间的电荷转移量（1.42 e）明显多于上下层，N 原子在该层获得的电荷量大于 Ga 原子损失的量。这说明多层平面结构的层间存在势场，三层结构产生的势场使上下两层的电子云靠近中间层（发生了轨道重叠），增强了该层的电荷转移。

表 10-2 单层、双层和三层平面 GaN 的 Bader 电荷量   （以 | e | 计）

平面结构	Ga$_1$	Ga$_2$	Ga$_3$	N$_1$	N$_2$	N$_3$
平面单层	−1.346	—	—	1.346	—	—
平面双层	−1.384	−1.384	—	1.384	1.385	—
平面三层	−1.375	−1.400	−1.374	1.365	1.420	1.364

平面结构层间相互影响还是会对电子能带产生一定的影响。因此，通过 HSE06 杂化泛函计算对 3 个平面结构进行了相应的电子能带计算，如图 10-9 所示。与屈曲结构不同，3 个平面结构都是间接带隙，并且它们的带隙值分别为 3.41 eV、3.36 eV 和 3.18 eV。间接带隙的出现表示电子在跃迁过程中要受到声子的二次散射作用，这也是电子在不同轨道间跃迁的结果。不难看出，3 种结构能带的带隙值几乎相差不大，只是随着层数的增加出现了少许的下降，这也从侧面证实了多层平面结构的层间弱势场对带隙值有一定的影响。

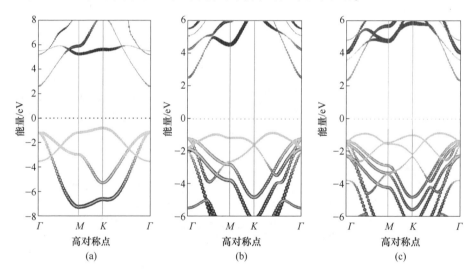

图 10-9 平面 GaN 结构单层（a）、双层（b）及三层（c）的能带图

平面结构的整体结构对称性会低于相应的屈曲结构，根据群论及结构的对称性分析表明，单层和双层是 C_{2v} 点群，三层结构是 C_{3v} 点群，而纤锌矿 GaN 的点群为 C_{6v}，从图 10-10 中 3 种结构的拉曼光谱可以发现，平面结构缺少很多散射峰，这是因为结构的对称性降低了。此外，因为平面结构不存在电荷的极化，因而在外电磁场的作用下也不会出现 LO-TO 分裂。单层结构仅存在 A_1 振动模式，双层结构存在 A_1 和 E_2 振动模式，而三层结构出现 A_1、E_1 和 E_2 振动模式，这说明随着层数的增加，原子的层间交流逐渐密切。不仅如此，三层结构的拉曼光谱显

示出平面极性振动模式 E_1 和非极性振动模式 E_2，其中 E_2 模式的振动频率较高。这意味着三层结构中平面剪切振动模式散射的光子能量较大，也证明了三层结构的水平方向存在较强的原子往复振动。重要的是，A_1 振动模式会随着层数的增加逐渐红移，与屈曲结构中 A_1(LO) 振动模式随着层数增加而红移的规律一致，这说明，在 GaN 中，A_1 振动模式对于层数的变化更为敏感。

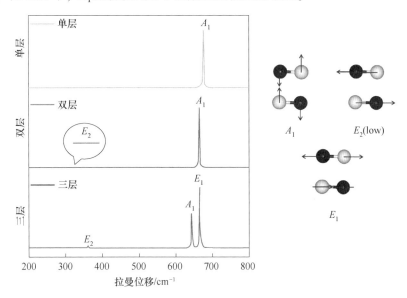

图 10-10　平面 GaN 结构单层、双层及三层的拉曼光谱图及振动模式示意图

本章基于第一性原理分别研究了屈曲结构和平面结构单层、双层和三层 GaN 的电子特性和光谱特性，详细研究了 GaN 特性随层数变化而发生的改变。主要结论如下：

（1）屈曲 GaN 有良好的稳定性，单层、双层和三层屈曲结构的声子谱均在布里渊区中心（Γ 点）处均未出现虚频；电荷转移为层间电荷转移，这会导致整个体系空间电荷分布不均匀，进而引起沿竖直方向的电势能差；屈曲 GaN 的带隙是直接带隙，随着层数的增加，位于价带底的 p_z 轨道下移，这会导致带隙的下降；屈曲 GaN 拉曼光谱的结果显示，H 原子钝化不会改变结构本身的振动模式，它只是为了保持屈曲结构的构型及其稳定性。重要的是，极性 A_1(LO) 振动模式随着层数的增加逐渐红移。

（2）平面 GaN 也有良好的热稳定性，单层、双层和三层平面结构的声子谱在布里渊区中心（Γ 点）处均未出现虚频，即使在 900 K 下，范德华堆叠结构仍未崩溃；平面结构的电荷转移为层内电荷转移，不存在层间电荷转移；平面 GaN 的带隙是间接带隙，随着层数的增加，位于价带顶的 p_z 轨道逐渐上移并导致带隙下降；由于平面结构中不存在电荷的极化，因而在外电磁场的作用下不会出现 LO-TO 分裂。重要的是，与屈曲结构一致，A_1 振动模式随着层数的增加而红移。

参 考 文 献

［1］ CUI Z, WANG X, LI M Q, et al. Tuning the optoelectronic properties of graphene-like GaN via adsorption for enhanced optoelectronic applications ［J］. Solid State Communications, 2019, 296：26-31.

［2］ HINE N D M. Linear-scaling density functional theory using the projector augmented wave method ［J］. Journal of Physics：Condensed Matter, 2017, 29（2）：4001.

［3］ IBRAGIMOVA R, GANCHENKOVA M, KARAZHANOV S, et al. First-principles study of SnS electronic properties using LDA, PBE and HSE06 functionals ［J］. Philosophical Magazine, 2018, 98（8）：710-726.

［4］ XIONG J J, TANG J J, LIANG T, et al. Characterization of crystal lattice constant and dislocation density of crack-free GaN films grown on Si（111）［J］. Applied Surface Science, 2010, 257（4）：1161-1165.

［5］ KIM H, BAE H, BANG S W, et al. Enhanced photoelectrochemical stability of GaN photoelectrodes by Al_2O_3 surface passivation layer ［J］. Optics Express, 2019, 27（4）：206-215.

［6］ KRISHNA A, KAZEMI M A A, SLIWA M, et al. Defect passivation via the incorporation of tetra propylammonium cation leading to stability enhancement in lead halide perovskite ［J］. Advanced Functional Materials, 2020, 13（30）：1909737.

［7］ NAGHADEH S B, LUO B B, ABDELMAGEED G, et al. Photophysical properties and improved stability of organic-inorganic perovskite by surface passivation ［J］. The Journal of Physical Chemistry C, 2018, 122（28）：15799-15818.

［8］ ONEN A, KECIK D, DURGUN E, et al. GaN：From three- to two-dimensional single-layer crystal and its multilayer van der Waals solids ［J］. Physical Review B, 2016, 93（8）：085431.

［9］ PENG Q, LIANG C, JI W, et al. Mechanical properties of g-GaN：A first principles study ［J］. Applied Physics A, 2013, 113：483-490.

11 有机分子吸附 g-GaN 的电子特性与电荷转移

掺杂是调整材料物理特性的有效手段，在第 10 章所提到的报道中，替代掺杂都很好地调整了 g-GaN 的电子特性，但这种掺杂方式仍然存在缺陷。例如，g-GaN 的替换掺杂受到掺杂剂原子与取代原子（Ga 或 N）之间半径差异的限制，会给掺杂体系引入额外的应力，可能使掺杂体系的原子结构更加失真，进而形成较差的化学和热稳定性[1-4]。此外，替代掺杂会对 g-GaN 的能带结构造成干扰[5]。在二维材料上吸附有机分子也是调节二维材料电子特性的有效手段，相较于替代掺杂，这种修饰方法对原子结构影响很小或没有影响，还可以起到掺杂的效果。有机分子吸附二维体系不仅可以控制载流子的类型，还可以注入额外的载流子，达到替换掺杂的效果，所以这种方法也称为分子掺杂。近年来，它已广泛应用于石墨烯[6-8]、MoSSe[9]、黑磷[10-11]、砷烯[12-13]和 $MoSi_2N_4$[14]等二维材料。从以往的报道可以看出，分子吸附可以有效地调节二维材料的电子特性，但目前对于分子吸附单层 g-GaN 的物理特性还缺乏相关研究。因此，本章基于第一性原理研究了有机分子四氰基乙烯（TCNE）、四氰基醌二甲烷（TCNQ）和四硫富瓦烯（TTF）吸附单层 g-GaN 的原子结构、电子性质和电荷转移特性。TCNE 和 TCNQ 由于含有氰基（又称作拟卤素），在吸附体系中表现为强电子受体，因此 TCNE 和 TCNQ 分子是有效的 p 型掺杂剂。而 TTF 分子的吸附在体系中引入了深杂质能级。此外，3 种吸附体系的电荷转移和电子特性对施加的竖直电场很敏感。

11.1 研究方法与计算参数

在本章工作中，使用 VASP 进行理论模拟。电子-离子相互作用使用 PAW 方法描述。交换相关泛函使用 GGA 和 PBE 参数化方法来近似，虽然此方法会低估带隙，但它可以对带隙变化的趋势做出正确预测。截断能设置为 450 eV，并使用 Monkhorst-Pack 方法来描述布里渊区，将 k 点设置为 5×5×1 网格。在 Z 方向用 2 nm 真空层保持整个体系的空间独立性。在几何优化过程中，所有体系都处于弛豫状态，直到总能量变化低于 10^{-5} eV 且每个原子上的 Hellmann-Feynman 力小于 0.1 eV/nm。此外，VASPKIT 工具[15]用于计算结果的数据处理。

11.2 研究模型

11.2.1 有机分子吸附模型构建

首先构建一个 5×5×1 的 g-GaN 超晶胞，几何优化后的基态原子结构如图 11-1（a）所示，计算得到的晶格常数（0.3218 nm）和键长（0.1855 nm）与之前的报道一致[16-17]。图 11-1（b）为能带结构，可见 g-GaN 是间接带隙半导体，带隙为 2.16 eV，这与之前的计算结果及使用 PBE 方法的报告结果一致[16-17]。接下来开始构建有机分子吸附模型，有机分子结构分别如图 11-1（c）~（e）所示。

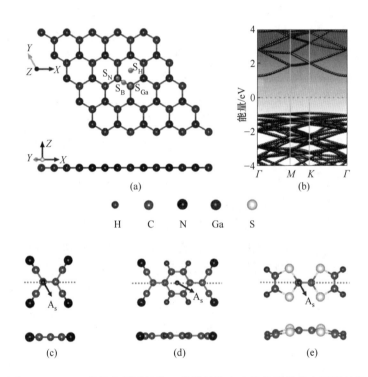

图 11-1 g-GaN 的基态原子结构、能带结构和有机分子的基态原子结构

（A_s 是吸附位点）

（a）g-GaN 的俯视图和侧视图；（b）g-GaN 的能带结构；（c）TCNE 的俯视图和侧视图；
（d）TCNQ 的俯视图和侧视图；（e）TTF 的俯视图和侧视图

通过以下两个步骤获得最稳定的有机分子吸附 g-GaN 体系。首先确定最佳吸附位点，如图 11-2 所示。第一步在 5×5×1 g-GaN 单层中选择了 4 个吸附位点

（见图 11-1（a）），分别为 N 原子正上方（S_N）、Ga 原子正上方（S_{Ga}）、Ga—N 键中心正上方（S_B）和 g-GaN 的六边形中心正上方（S_H）。第二步选择 3 个有机分子中的吸附位点，记为 A_s，如图 11-1（c）~（e）所示。然后将有机分子中的 A_s 位点吸附在 g-GaN 的 4 个位点正上方，吸附高度设置为 0.35 nm，设置有机分子的对称轴与 Ga—N 键重合，得到如图 11-2 所示的 12 种吸附模型，接下来讨论 3 种吸附体系中的最佳吸附构型。

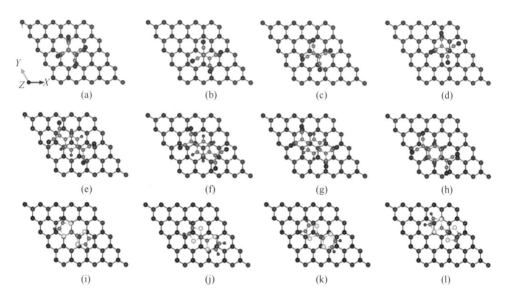

图 11-2　不同吸附位点上 3 种吸附体系的 12 个原子构型
（a）~（d）TCNE/g-GaN；（e）~（h）TCNQ/g-GaN；（i）~（l）TTF/g-GaN

11.2.2　最佳构型的确定

为了获得 3 种有机分子吸附 g-GaN 体系中最稳定的原子构型，本节首先计算了各吸附体系的形成能以确定最佳吸附位点，计算公式如下：

$$E_f = E_{total} - E_{g\text{-}GaN} - E_{molecule} \tag{11-1}$$

式中　E_f——形成能，eV；

　　E_{total}——吸附体系总能量，eV；

　　$E_{g\text{-}GaN}$——单层 g-GaN 总能量，eV；

　　$E_{molecule}$——有机分子总能量，eV。

计算结果见表 11-1，将 TCNE/g-GaN、TCNQ/g-GaN 和 TTF/g-GaN 体系的 4 个吸附位点的形成能进行比较，易知 3 种吸附构型最稳定的吸附位点分别为 S_N、S_{Ga} 和 S_H，对应的形成能见表 11-1。

表 11-1　TCNE/g-GaN、TCNQ/g-GaN 和 TTF/g-GaN 体系在不同
吸附位点和角度下的形成能　　　　　　　　　　　（eV）

体系	S_N	S_{Ga}	S_B	S_H	S_{R1}	S_{R2}
TCNE	-0.105	-0.104	-0.104	-0.103	-0.101	-0.103
TCNQ	-0.149	-0.152	-0.149	-0.148	-0.155	-0.151
TTF	-0.129	-0.127	-0.128	-0.134	-0.131	-0.136

　　得到最稳定的吸附位点后，有机分子与 g-GaN 的最佳吸附角度也需要被考虑，接下来分别以 TCNE/g-GaN、TCNQ/g-GaN 和 TTF/g-GaN 的最稳定吸附位点 S_N、S_{Ga} 和 S_H 为旋转中心，沿 Z 轴旋转有机分子。对于 TCNE/g-GaN 体系，如图 11-3（a）和（d）所示，对称轴设置为分别穿过 Ga 原子和 N 原子。对于 TCNQ/g-GaN 体系，如图 11-3（b）和（e）所示，对称轴设置为分别穿过 Ga 原子和 N 原子中心。对于 TTF/g-GaN 体系，如图 11-3（c）和（f）所示，对称轴设置为穿过 Ga—N 键的中心，并分别穿过 Ga 原子。将分子 TCNE 沿顺时针和逆时针方向分别旋转 30°（见图 11-3（a）和（d）），将分子 TCNQ 沿顺时针方向分别旋转 60°和 120°（见图 11-3（b）和（e）），将分子 TTF 沿顺时针分别旋转 30°和 60°（见图 11-3（c）和（f））。将图 11-3（a）~（c）记为 S_{R1}，将图 11-3（d）~（f）记为 S_{R2}。通过比较表 11-1 中的形成能，TCNE/g-GaN、TCNQ/g-GaN 和 TTF/g-GaN 体系中最稳定的原子构型得以确定，分别是 S_N、S_{R1}、S_{R2}。这 3 个最佳原子构型将作为接下来的研究对象。

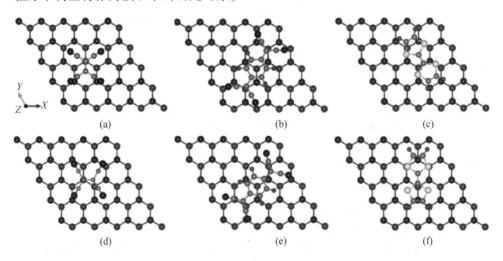

图 11-3　沿 Z 轴旋转有机分子后的各体系原子构型

(a)（d）TCNE/g-GaN；(b)（e）TCNQ/g-GaN；(c)（f）TTF/g-GaN

TCNE/g-GaN、TCNQ/g-GaN 和 TTF/g-GaN 体系优化后的基态原子结构俯视图和侧视图如图 11-4 所示。3 个吸附体系中，有机分子与 g-GaN 层之间的吸附高度（平均吸附距离）分别降低到 0.3282 nm、0.3311 nm、0.3416 nm。

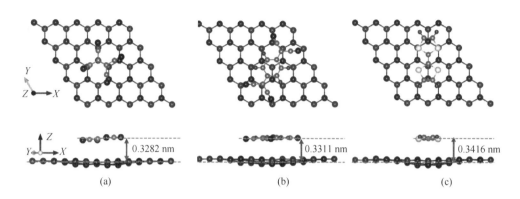

图 11-4 最稳定构型的俯视图和侧视图

（a）TCNE/g-GaN；（b）TCNQ/g-GaN；（c）TTF/g-GaN 体系

11.3 电荷分布与能带结构分析

11.3.1 电荷分布与电荷转移

差分电荷密度计算公式如下：

$$\Delta\rho = \rho_{\text{total}} - \rho_{\text{g-GaN}} - \rho_{\text{molecule}} \tag{11-2}$$

式中　ρ_{total}——有机分子吸附 g-GaN 体系电荷密度，$e/Å^2$（1 Å＝0.1 nm）；

$\rho_{\text{g-GaN}}$——单层 g-GaN 电荷密度，$e/Å^2$；

ρ_{molecule}——有机分子电荷密度，$e/Å^2$。

此外，具体的电荷转移数值采用 Bader 电荷法计算，计算结果见表 11-2。在 TCNE/g-GaN 和 TCNQ/g-GaN 体系中（见图 11-5（a）和（d）），电荷在有机分子附近聚集并在 g-GaN 单层附近耗散。这是因为两个有机分子中的氰基具有更强的获得电子的能力，因此在 TCNE/g-GaN 和 TCNQ/g-GaN 体系中电荷从 g-GaN 单层转移到氰基上。这在 TCNE/g-GaN 体系的差分电荷密度中尤为明显，更多的电荷在 TCNE 分子左侧氰基正下方的 Ga 原子附近耗散，电荷转移到 TCNE 分子中 N 原子和 C 原子上。相比于 TCNE 分子的左侧，TCNE 分子右侧氰基下方 N 原子附近耗散的电荷较少，TCNE 分子与左侧的 g-GaN 层之间的相互作用比右侧更强，所以 TCNE 分子的左侧比右侧更靠近 g-GaN 层，这一点在图 11-4（a）可明显观察到。如图 11-5（d）所示，TCNQ/g-GaN 体系的相互作用和电荷转移关于 TCNQ

分子的对称轴呈对称分布。在 TTF/g-GaN 体系中（见图 11-5（g）），电荷在 TTF 分子和 g-GaN 单层之间聚集，从 Bader 电荷计算结果来看，TTF 分子与 g-GaN 单层之间的电荷转移量（0.03|e|）相比 TCNE/g-GaN（−0.33|e|）和 TCNQ/g-GaN（−0.31|e|）体系较少，但两者不同的是电荷转移的方向发生了变化，即注入 g-GaN 的载流子类型发生变化，电子从 TTF 分子转移到 g-GaN 单层。这是因为 TTF 分子中的 S 原子和 C 原子从 Ga 原子中获取电子的能力弱于 g-GaN 单层中的 N 原子。此外，从表 11-2 中可以看出，TCNE 和 TCNQ 分子将空穴作为额外载流子注入 g-GaN 单层，注入浓度分别为 1.47×10^{13} h/cm^2 和 1.38×10^{13} h/cm^2。TTF 分子将电子作为额外载流子注入到 g-GaN 单层中，浓度为 -0.13×10^{13} e/cm^2。

表 11-2 施加垂直电场的有机分子吸附体系的电荷转移量（B_x）和注入载流子浓度（n_x）

电荷转移量和载流子浓度	垂直电场				
	−6 V/nm	−3 V/nm	0 V/nm	3 V/nm	6 V/nm
B_{TCNE}（|e|）	−0.03	−0.14	−0.33	−0.52	−0.74
B_{TCNQ}（|e|）	−0.04	−0.15	−0.31	−0.47	−0.64
B_{TTF}（|e|）	0.30	0.05	0.03	−0.02	−0.06
n_{TCNE}/h·cm^{-2}	0.13×10^{13}	0.63×10^{13}	1.47×10^{13}	2.32×10^{13}	3.30×10^{13}
n_{TCNQ}/h·cm^{-2}	0.18×10^{13}	0.67×10^{13}	1.38×10^{13}	2.10×10^{13}	2.86×10^{13}
n_{TTF}/e·cm^{-2}	-1.34×10^{13}	-0.22×10^{13}	-0.13×10^{13}	0.09×10^{13}	0.27×10^{13}

注：B_x 的正负值分别表示有机分子失去和得到电子；n_x 的正负值分别表示注入 g-GaN 的空穴和电子的浓度。

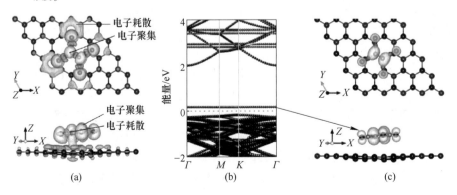

(a) (b) (c)

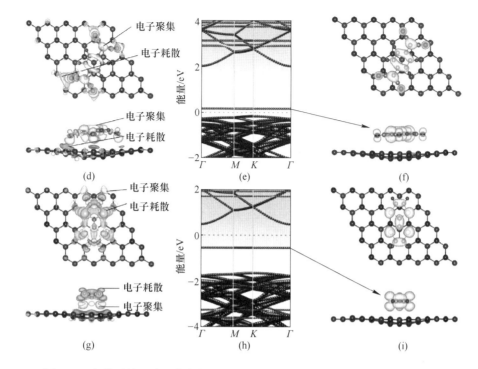

图 11-5 各体系的差分电荷密度的俯视图和侧视图、能带结构和部分电荷密度

(a)~(c) TCNE/g-GaN；(d)~(f) TCNQ/g-GaN；(g)~(i) TTF/g-GaN

11.3.2 能带结构

比较 TCNE/g-GaN（见图 11-5（b））、TCNQ/g-GaN（见图 11-5（e））体系与本征 g-GaN 单层（见图 11-1（b））的能带结构，不难看出，TCNE/g-GaN 和 TCNQ/g-GaN 吸附体系中的 g-GaN 能带结构整体向上移动。这是电子从 g-GaN 单层转移到 TCNE 和 TCNQ 分子的结果，这与图 11-4（a）与（b）中所展现的结果一致。在 TCNE/g-GaN 和 TCNQ/g-GaN 吸附体系的能带结构中，价带最大值（VBM）更接近费米能级，表现出 p 型掺杂行为，局域化的杂质能级出现在费米能级附近，这将有利于电子从 VBM 转移到 CBM。此外，本节还计算了能带结构中杂质能级对应的能级区间内的部分电荷密度，从图 11-5（c）和（f）可知，TCNE/g-GaN 和 TCNQ/g-GaN 吸附体系能带结构中的杂质能级完全由有机分子贡献。

在 TTF/g-GaN 吸附体系中，与本征 g-GaN 单层的能带结构相比，TTF/g-GaN 体系中 g-GaN 的能带结构整体向低能级移动，因为有少量的电荷从 TTF 分子转移到 g-GaN，同时，少量的空穴注入到 TTF 分子中（见表 11-1），这与图 11-4（c）中所展现的结果一致。一条局域化的深杂质能级出现在禁带中，由部分电荷密度的计算结果可知，其完全由 TTF 分子贡献（见图 11-5（i））。

　　综上所述，在有机分子吸附 g-GaN 单层体系中，g-GaN 单层的载流子注入浓度和注入类型可以通过吸附不同的有机分子来控制，其效果与原子掺杂相似，因此这种表面修饰方法也被称为分子掺杂。在 TCNE/g-GaN 和 TCNQ/g-GaN 体系中，由于有机分子中氰基的存在，TCNE 和 TCNQ 分子是吸附在 g-GaN 单层上的受体，而在 TTF/g-GaN 体系中，TTF 分子提供了较深的杂质能级。

11.4　外部电场对吸附体系的影响

　　施加外部电场是调节二维材料电子特性的有效手段[18-21]，为了进一步对有机分子吸附体系的电子特性进行调制，本节中对本征 g-GaN 及 3 个有机分子吸附体系施加了外部竖直电场，规定正向电场沿 Z 轴竖直向上，负向电场沿 Z 轴竖直向下，沿 Z 方向分别将电场强度为 6 V/nm、3 V/nm、-3 V/nm 和-6 V/nm 的竖直电场施加到本征单层 g-GaN 及 3 个有机分子吸附体系中。图 11-6 展示了本征 g-GaN、TCNE/g-GaN、TCNQ/g-GaN 和 TTF/g-GaN 体系在施加外部竖直电场后的带隙变化，图 11-7 为施加竖直电场后的能带结构。图 11-8 为有机分子吸附体系在施加外部竖直电场的情况下的差分电荷密度。具体的电荷转移量及注入载流子浓度见表 11-2。

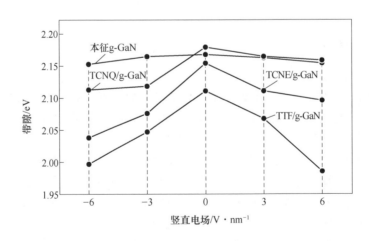

图 11-6　施加竖直电场后的本征 g-GaN 和各吸附体系的带隙

　　本征单层 g-GaN 的带隙和能带结构对电场不敏感，几乎不随外加电场强度的改变而变化。但 3 种分子吸附体系的带隙和能带结构随着竖直电场强度的改变而显著变化。在 TCNE/g-GaN 和 TCNQ/g-GaN 吸附体系中，施加 3 V/nm 和 6 V/nm 的正竖直电场，TCNE/g-GaN 和 TCNQ/g-GaN 吸附体系中 g-GaN 单层的能

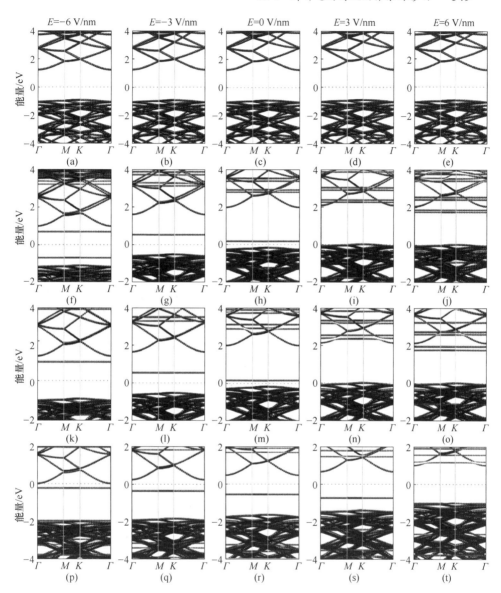

图 11-7 施加竖直电场后的本征吸附体系的能带结构

（a）~（e）g-GaN；（f）~（j）TCNE/g-GaN；（k）~（o）TCNQ/g-GaN；（p）~（t）TTF/g-GaN

带结构向上移动，而由有机分子贡献的杂质能级向下移动，更多的电子从 g-GaN 单层转移到有机分子，这与表 11-2 及图 11-8（d）（e）（i）（j）的结果一致。施加负竖直电场-3 V/nm 和-6 V/nm 时，单层 g-GaN 的能带结构向下移动，而有机分子的能级向上移动，较少的电子从单层 g-GaN 转移到有机分子，这与表 11-2 和图 11-8（a）（b）（f）和（g）一致。TCNE/g-GaN 和 TCNQ/g-GaN 吸附体系的能带结构、电荷转移均对外加电场较敏感，体系带隙值都随竖直电场强度的增加而增加，受主杂质能级在施加-6 V/nm 的竖直电场时甚至转变为施主杂质能级。

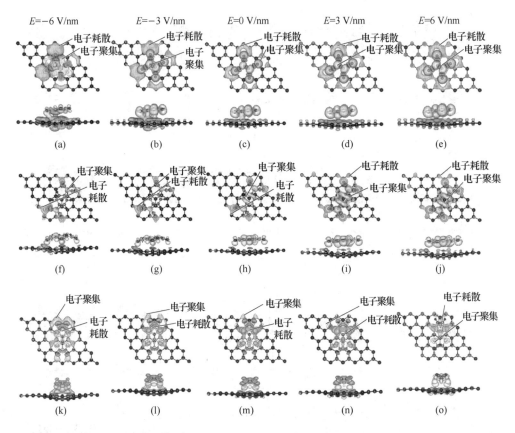

图 11-8 施加竖直电场后有机分子吸附体系的差分电荷密度的俯视图和侧视图
(a)~(e) TCNE/g-GaN；(f)~(j) TCNQ/g-GaN；(k)~(o) TTF/g-GaN

在 TTF/g-GaN 吸附体系中，g-GaN 单层的能带结构在施加正竖直电场 3 V/nm 和 6 V/nm 时向上移动，如图 11-7 (p)(q)(s) 和 (t) 所示，在施加负竖直电场-3 V/nm 和-6 V/nm 时向下移动，而有机分子的能级向上移动。带隙（见图 11-6）、电荷转移量（见图 11-8 (k)(l)(i)(o) 和表 11-2）随着施加的竖直电场强度的增加而减小，TTF/g-GaN 吸附体系中的深层杂质能级在施加正负竖直电场时分别变为受体和供体杂质能级，这种对外部电场敏感的特性对制造电子和光电子器件将非常有利。

本章基于第一性原理研究了有机分子吸附 g-GaN 体系的电子性质和电荷转移特性。结果表明，在 TCNE/g-GaN 和 TCNQ/g-GaN 体系中，g-GaN 分别获得

$1.47×10^{13}$ h/cm² 和 $1.38×10^{13}$ h/cm² 浓度的额外空穴，而 TTF 分子提供了较深杂质能级。此外，TCNE/g-GaN、TCNQ/g-GaN 和 TTF/g-GaN 吸附体系的电荷转移和电子特性对外加的竖直电场很敏感，TCNE/g-GaN、TCNQ/g-GaN 体系的受体杂质能级在施加-6 V/nm 垂直电场时甚至变为供体杂质能级，TTF/g-GaN 吸附体系的深杂质能级在施加正和负竖直电场时分别变为受体和供体杂质能级。这些结果对 g-GaN 在实验上进行表面修饰提供理论依据，对 g-GaN 在纳米电子和光电子器件领域的应用具有重要意义。

参 考 文 献

[1] PENG R, MA Y, ZHANG S, et al. Self-doped p-n junctions in two-dimensional In₂X₃ van der Waals materials [J]. Materials Horizons, 2020, 7 (2): 504-510.

[2] ZHAO Q, XIONG Z, LUO L, et al. Design of a new two-dimensional diluted magnetic semiconductor: Mn-doped GaN monolayer [J]. Applied Surface Science, 2017, 396: 480-483.

[3] FANG H, TOSUN M, SEOL G, et al. Degenerate n-doping of few-layer transition metal dichalcogenides by potassium [J]. Nano Letter, 2013, 13 (5): 1991-1995.

[4] KIRIYA D, TOSUN M, ZHAO P, et al. Air-stable surface charge transfer doping of MoS₂ by benzyl viologen [J]. Journal of the American Chemical Society, 2014, 136 (22): 7853-7856.

[5] SHEN P, LI E, ZHANG L, et al. Electronic structures and physical properties of Mg, C, and S doped g-GaN [J]. Superlattices and Microstructures, 2021, 156: 106930.

[6] SOLÍS-FERNÁNDEZ P, OKADA S, SATO T, et al. Gate-tunable dirac point of molecular doped graphene [J]. ACS Nano, 2016, 10 (2): 2930-2939.

[7] ZHANG Z, HUANG H, YANG X, et al. Tailoring electronic properties of graphene by π-π stacking with aromatic molecules [J]. The Journal of Physical Chemistry Letters, 2011, 2 (22): 2897-2905.

[8] CHEN L, WANG L, SHUAI Z, et al. Energy level alignment and charge carrier mobility in noncovalently functionalized graphene [J]. The Journal of Physical Chemistry Letters, 2013, 4 (13): 2158-2165.

[9] CUI Z, NAN L, DING Y, et al. Noncovalently functionalization of Janus MoSSe monolayer with organic molecules [J]. Physica E, 2021, 127: 114503.

[10] HE Y, XIA F, SHAO Z, et al. Surface charge transfer doping of monolayer phosphorene via molecular adsorption [J]. The Journal of Physical Chemistry Letters, 2015, 6 (23): 4701-4710.

[11] ZHANG R, LI B, YANG J. A first-principles study on electron donor and acceptor molecules adsorbed on phosphorene [J]. The Journal of Physical Chemistry C, 2015, 119 (5): 2871-2878.

[12] GAO N, ZHU Y F, JIANG Q. Formation of arsenene p-n junctions via organic molecular adsorption [J]. The Journal of Physical Chemistry C, 2017, 5 (29): 7283-7290.

[13] SUN M, CHOU J P, GAO J, et al. Exceptional optical absorption of buckled arsenene covering

a broad spectral range by molecular doping [J]. ACS Omega, 2018, 3 (8): 8514-8520.

[14] CUI Z, LUO Y, YU J, et al. Tuning the electronic properties of $MoSi_2N_4$ by molecular doping: A first principles investigation [J]. Physica E, 2021, 134: 114873.

[15] WANG V, XU N, LIU J C, et al. VASPKIT: A user-friendly interface facilitating high-throughput computing and analysis using VASP code [J]. Computer Physics Communications, 2021, 267: 108033.

[16] XIA C, PENG Y, WEI S, et al. The feasibility of tunable p-type Mg doping in a GaN monolayer nanosheet [J]. Acta Materialia, 2013, 61 (20): 7720-7725.

[17] ZHAO L, CHANG H, ZHAO W, et al. Coexistence of doping and strain to tune electronic and optical properties of GaN monolayer [J]. Superlattices and Microstructures, 2019, 130: 93-102.

[18] BAI K, CUI Z, LI E, et al. Electronic and optical characteristics of GaS/g-C_3N_4 van der Waals heterostructures: Effects of biaxial strain and vertical electric field [J]. Vacuum, 2020, 180: 109562.

[19] YANG S, LEI G, XU H, et al. A DFT study of CO adsorption on the pristine, defective, In-doped and Sb-doped graphene and the effect of applied electric field [J]. Applied Surface Science, 2019, 480: 205-211.

[20] SUN M, CHOU J P, YU J, et al. Effects of structural imperfection on the electronic properties of graphene/WSe_2 heterostructures [J]. The Journal of Physical Chemistry C, 2017, 5 (39): 10383-10390.

[21] WANG S, CHOU J P, REN C, et al. Tunable Schottky barrier in graphene/graphene-like germanium carbide van der Waals heterostructure [J]. Scientific Reports, 2019, 9 (1): 1-7.

12 超卤素吸附 g-GaN 单层电子、磁和输运特性

自从石墨烯被成功制备以来[1]，二维纳米材料因其独特而优异的物理和化学性能而在许多领域引起了关注。同时，随着科学技术的不断发展，寻找可用于下一代存储和逻辑器件的自旋电子材料已成为一项重要的挑战。因此，研究人员将目光投向了二维自旋电子多功能材料。然而，大多数二维材料的本征结构不具有磁性，这限制了它在自旋电子学领域的应用。为了克服这一限制，人们开始不断地寻找可以稳定诱导半金属铁磁性的方法。超卤素是一类具有高 EA 和过量卤素原子的分子或团簇。由于具有高的电子亲和能（EA），超卤素是空穴掺杂剂的良好候选者，可用作吸附材料来诱导半金属铁磁性[2-4]。

本章基于第一性原理计算研究了 XY_3（X = Be, Mg, Ca; Y = F, Cl, Br）超卤素分子吸附 g-GaN 单层（表示为 XY_3@GaN）的电子、磁和输运特性。在 XY_3@GaN 中，XY_3 超卤素分子作为空穴供体，实现了 p 型掺杂。XY_3@GaN 是铁磁性半金属，磁矩为 1 μ_B。此外，还计算了压电系数和电流-电压（I-V）曲线，预测 WXY_3@GaN 在压电和开关器件方面的应用前景。

12.1 研究方法与模型

12.1.1 研究方法与计算参数

在本章中，研究方法和计算参数与第 2 章一致。此外，基于 DFT 和 NEGF 采用 SIESTA 软件包的 TranSIESTA 模块[5-6]计算了电子输运行为。NEGF 用于计算电流，同时在两个电极之间施加偏置电压。偏置电压在 300 K 下从 0 V 扫描到 1.0 V。k 点网格设定为 5×2×100，能量截止值设定为 250 Ry。力和能量收敛标准分别为 0.1 eV/nm 和 1×10^{-3} eV。通过器件的电流计算公式如下：

$$I = \frac{2e}{h} \int T(E, V) [f(E - \mu_L) - f(E - \mu_R)] dE \qquad (12\text{-}1)$$

式中　　　e——电子电荷；

$\hbar$——普朗克常数；

$T(E, V)$——偏置电压 V 下能量 E 处的输运函数；

$f(E-\mu_L)$——左电极的电化学势 μ_L 的费米-狄拉克分布函数；

$f(E-\mu_R)$——右电极的电化学势 μ_R 的费米-狄拉克分布函数。

12.1.2 研究模型与稳定性

在构建 XY_3@GaN 之前，首先研究了 g-GaN 单层的电子结构。g-GaN 单层的优化结构和相应的能带结构如图 12-1 （a） 和 （b） 所示。g-GaN 单层由 4×4×1 的超晶胞组成，晶格常数为 1.299 nm。g-GaN 单层具有间接带隙，为 3.20 eV。这些计算结果与之前的研究一致[7]。最稳定的吸附结构取决于 XY_3 超卤素分子在 g-GaN 单层上的吸附位点和旋转角度。XY_3 超卤素分子与 g-GaN 单层之间的原始吸附高度设定为 0.25 nm。首先考虑 XY_3 超卤素分子的 4 个吸附位点，包括 S_N、S_H、S_B 和 S_{Ga}，如图 12-1 （c） 所示。S_N、S_H、S_B 和 S_{Ga} 分别位于 N 原子、六原子环中心、N—Ga 键中点和 Ga 原子的正上方。XY_3 超卤素分子的 X 原子分别位于 4 个吸附位点，并且由 3 个 Y 原子组成的平面与 g-GaN 层平行。为了分析 XY_3 超卤素分子在不同吸附位点的稳定性，计算了不同吸附结构的结合能 （E_b）。结合能最低的吸附结构最稳定。XY_3@GaN 的结合能计算公式如下[8]：

$$E_b = E_{total} - E_{SH} - E_{g\text{-}GaN} \tag{12-2}$$

式中　E_{total}——XY_3@GaN 的总能量；

　　　E_{SH}——孤立超卤素分子的总能量；

$E_{g\text{-}GaN}$——g-GaN 单层的总能量。

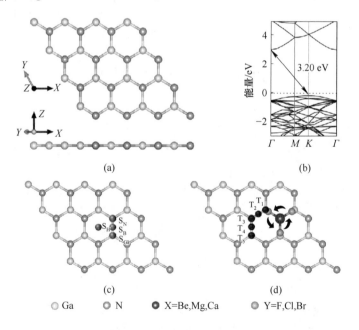

(a)　　　　　　　　　　(b)

(c)　　　　　　　　　　(d)

◎ Ga　　○ N　　● X=Be,Mg,Ca　　○ Y=F,Cl,Br

图 12-1　g-GaN 单层的优化结构 （a）、能带结构 （b） 和 XY_3 超卤素分子在 g-GaN 单层上的不同吸附位点 （c）、旋转角度 （d） 示意图

　　根据结合能的计算结果可知,超卤素分子的最稳定吸附位点均为 S_N。然后考虑了如图 12-1 (d) 所示的 5 个旋转角度,包括 T_1 (旋转 0°)、T_2 (旋转 19°)、T_3 (旋转 30°)、T_4 (旋转 46°) 和 T_5 (旋转 60°)。在图 12-1 (d)中,X 原子位于最稳定的吸附位点,超卤素分子绕穿过吸附位点并垂直于g-GaN 层的轴旋转。结合能的计算结果表明,超卤素分子的最稳定旋转角度均为 T_1。因此,当吸附位点为 S_N 且旋转角为 T_1 时,XY_3@GaN 具有最稳定的吸附结构。随后的研究都是基于最稳定的吸附结构。表 12-1 列出了 XY_3@GaN的结合能,结合能的负值表明 XY_3 超卤素分子吸附在 g-GaN 单层上是稳定的。结合能的绝对值较大,表明 XY_3 超卤素分子与 g-GaN 单层之间存在较强的相互作用。

表 12-1　XY_3@GaN 的超卤素分子电子亲和能 (EA)、结合能 (E_b)、吸附高度 (H)、带隙 (E_g)、电荷转移 (ΔQ) 和注入载流子浓度 (n)

吸附结构	EA/eV	E_b/eV	H/nm	E_g/eV	$\Delta Q(|e|)$	$n/h \cdot cm^{-2}$
BeF_3@GaN	7.63	-4.904	0.176	3.72	0.750	5.23×10^{13}
$BeCl_3$@GaN	6.17	-4.362	0.171	3.70	0.520	3.63×10^{13}
$BeBr_3$@GaN	5.65	-4.154	0.169	3.68	0.410	2.86×10^{13}
MgF_3@GaN	8.79	-5.173	0.206	3.64	0.718	5.01×10^{13}
$MgCl_3$@GaN	6.68	-3.984	0.211	3.67	0.590	4.12×10^{13}
$MgBr_3$@GaN	6.14	-3.621	0.210	3.65	0.503	3.51×10^{13}
CaF_3@GaN	8.62	-5.350	0.190	3.60	0.760	5.30×10^{13}
$CaCl_3$@GaN	6.73	-4.134	0.209	3.62	0.630	4.40×10^{13}
$CaBr_3$@GaN	6.24	-3.715	0.218	3.62	0.549	3.83×10^{13}

　　XY_3@GaN 的优化结构如图 12-2 所示。XY_3@GaN 的晶格常数分别为 1.298 nm(BeF_3)、1.296 nm($BeCl_3$)、1.295 nm($BeBr_3$)、1.297 nm(MgF_3)、1.295 nm($MgCl_3$)、1.295 nm($MgBr_3$)、1.295 nm(CaF_3)、1.294 nm($CaCl_3$) 和 1.294 nm($CaBr_3$)。吸附 XY_3 超卤素分子后,g-GaN 单层发生变形,XY_3 超卤素分子下方的Ga 原子和 N 原子上移。这表明 XY_3 超卤素分子与 g-GaN 单层之间存在很强的相互作用,这与结合能结果一致。XY_3 超卤素分子和 g-GaN 单层之间的吸附高度见表 12-1,均远小于范德华吸附高度。

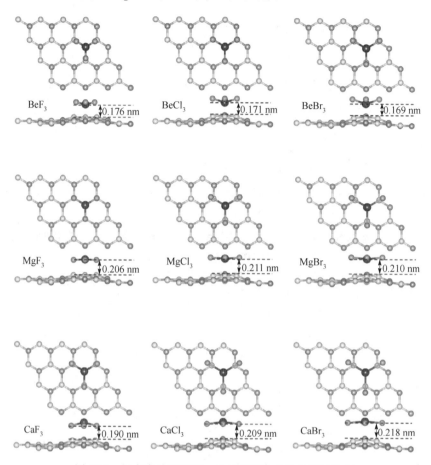

图 12-2 超卤素分子吸附 g-GaN 单层的优化几何结构图

为了确定 $XY_3@GaN$ 的稳定性，使用基于 Nosé-Hoover 方法[9] 的 AIMD 模拟计算了 $XY_3@GaN$ 在 300 K 下的热稳定性。模拟时间设置为 3000 fs，时间步长设置为 1 fs。图 12-3 和图 12-4 分别显示了 $XY_3@GaN$ 在 300 K 下的优化结构和总能量随时间的变化图。如图 12-3 所示，在 3 fs 后的 $XY_3@GaN$ 优化结构中，原子键没有断裂或重组。如图 12-4 所示，在模拟过程中，$XY_3@GaN$ 的总能量随时间收敛且波动小于 0.1 eV。AIMD 模拟结果表明，$XY_3@GaN$ 在 300 K 下具有热稳定性。为了进一步确定 $XY_3@GaN$ 的稳定性，还计算了 $BeF_3@GaN$ 在 10 ps 后、300 K 下的 AIMD 模拟和声子谱，如图 12-5 所示。在图 12-5（a）和（b）中，优化后的结构没有出现明显的形变，且总能量收敛，这表明 $BeF_3@GaN$ 在 10 ps 后仍然具有热稳定性。在图 12-5（c）中，Γ 点处没有虚频，这表明 $BeF_3@GaN$ 具有动态稳定性。Γ 点附近的虚频较小是由计算设置造成的[10-11]。因此，$XY_3@GaN$ 具有良好的稳定性。

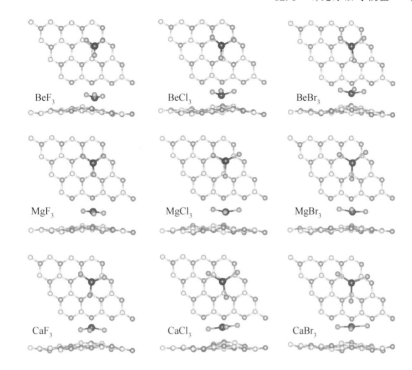

图 12-3 300 K 时超卤素分子吸附 g-GaN 单层的优化结构图

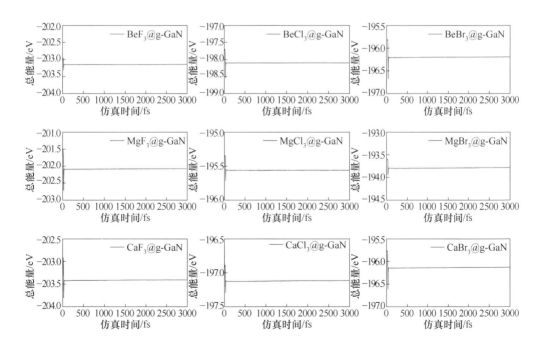

图 12-4 300 K 时超卤素分子吸附 g-GaN 单层的总能量随模拟时间的变化图

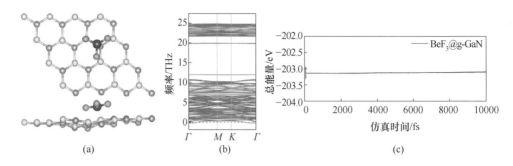

图 12-5　BeF₃ 吸附 g-GaN 单层在 300 K 下模拟 10 ps 后的优化结构（a）、
总能量与模拟时间的关系图（b）及声子谱图（c）

12.2　结果与讨论

12.2.1　电子特性

为了研究超卤素分子吸附在 g-GaN 单层上的电荷转移和分布，根据以下公式计算了 $XY_3@GaN$ 的电荷密度差：

$$\Delta \rho = \rho_{total} - \rho_{SH} - \rho_{g\text{-}GaN} \tag{12-3}$$

式中　$\Delta \rho$——电荷密度差；

ρ_{total}——$XY_3@GaN$ 的电荷密度；

ρ_{SH}——孤立超卤素分子的电荷密度；

$\rho_{g\text{-}GaN}$——g-GaN 单层的电荷密度。

如图 12-6 所示，电荷转移发生在 XY_3 超卤素分子和 g-GaN 层之间。电荷从 g-GaN 层转移到 XY_3 超卤素分子，并主要聚集在超卤素分子的 Y 原子周围。这是由于超卤素分子具有高的 EA，更容易从 g-GaN 层获得电荷。X 原子与最近的 N 原子之间及 Y 原子与最近的 Ga 原子之间存在明显的电荷转移，表明形成了 X—N 键和 Y—Ga 键。这些结果与之前对吸附距离分析的结果一致。基于 Bader 电荷分析[12-14]，$XF_3@GaN$ 的电荷转移量大于 $XCl_3@GaN$ 和 $XBr_3@GaN$ 的电荷转移量（见表 12-1）。电荷转移量大是由于超卤素分子具有高 EA。g-GaN 层充当空穴受体，XY_3 超卤素分子充当空穴供体。因此，XY_3 超卤素分子向 g-GaN 层注入了大量的空穴，注入载流子浓度见表 12-1。$XY_3@GaN$ 实现了 p 型掺杂，可应用于纳米电子器件。

为了研究超卤素分子的吸附对电子结构的影响，计算了 $XY_3@GaN$ 的能带结构，如图 12-7 所示。$XY_3@GaN$ 的 CBM 和 VBM 不在同一个高对称点，表明带隙是间接的。自旋向上的能带显示出较大的带隙（见表 12-1），表现出半导体行

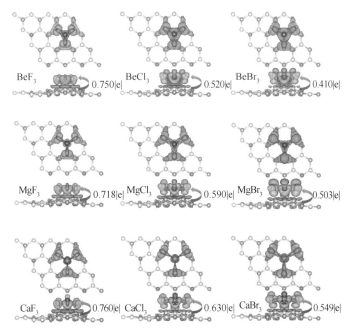

图 12-6　超卤素分子吸附 g-GaN 单层的电荷密度差图（等值面设定为 0.01 e∕nm）

为。自旋向下的能带越过费米能级，表现出金属行为。这表明 $XY_3@GaN$ 成为了半金属。与 g-GaN 单层的能带结构相比，$XY_3@GaN$ 能带结构的费米能级下移，这导致了自旋向下的能带跨越费米能级。这一现象可解释为电子从 g-GaN 单层转移到 XY_3 超卤素分子，导致费米能级下移。

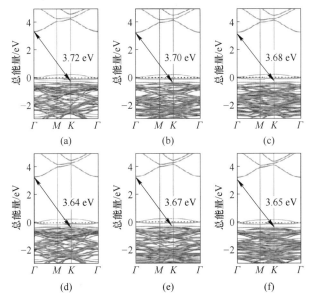

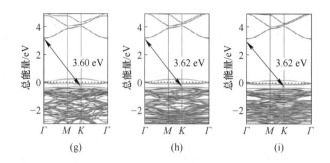

图 12-7 超卤素分子吸附 g-GaN 单层的能带结构图

（a）BeF$_3$；（b）BeCl$_3$；（c）BeBr$_3$；（d）MgF$_3$；（e）MgCl$_3$；（f）MgBr$_3$；

（g）CaF$_3$；（h）CaCl$_3$；（i）CaBr$_3$

12.2.2 磁特性

自旋电荷密度图可以清楚地显示磁性的分布。图 12-8 显示了 XY$_3$@GaN 的自旋电荷密度。在 BeBr$_3$@GaN 中，磁态主要来源于 GaN 层中的 N 原子和超卤素分子中的 Br 原子。在其他 8 个体系中，磁态主要来源于 GaN 层中的 N 原子。为了进一步研究磁性的起源和分布，计算了 XY$_3$@GaN 的总磁矩和部分磁矩（见表 12-2）。可以看出，XY$_3$@GaN 都具有 $1\mu_B$ 的总磁矩。半金属的总磁矩应为整

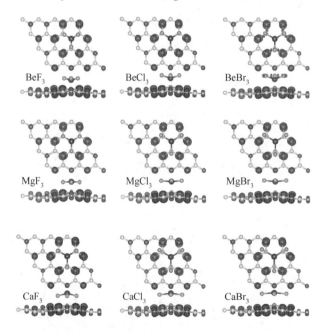

图 12-8 超卤素分子吸附 g-GaN 单层的自旋电荷密度图

数[15-16]，这与本节的磁矩结果相符。XY_3@ GaN 的磁矩主要由 N 原子贡献，分别为 $0.999\mu_B$（BeF_3）、$0.976\mu_B$（$BeCl_3$）、$0.934\mu_B$（$BeBr_3$）、$0.997\mu_B$（MgF_3）、$0.980\mu_B$（$MgCl_3$）、$0.955\mu_B$（$MgBr_3$）、$0.997\mu_B$（CaF_3）、$0.980\mu_B$（$CaCl_3$）和 $0.958\mu_B$（$CaBr_3$）。这些结果与自旋电荷密度的结果相同。

表 12-2 XY_3@ GaN 的总磁矩（M_{total}）、N 元素（M_N）和 Y 元素（M_Y）的部分磁矩、铁磁态（FM）和反铁磁态（AFM）之间的能量差（ΔE_{FM-AFM}）、居里温度（T_C）、面内（e_{11}）和面外（e_{31}）压电系数

吸附结构	M_{total} (μ_B)	M_N (μ_B)	M_Y (μ_B)	ΔE_{FM-AFM} /meV	T_C /K	e_{11} /C · m^{-1}	e_{31} /C · m^{-1}
BeF_3@ GaN	1.000	0.999	0.001	−39.683	38.37	2.760×10^{-10}	0.050×10^{-10}
$BeCl_3$@ GaN	1.000	0.976	0.024	−36.470	35.27	2.764×10^{-10}	0.108×10^{-10}
$BeBr_3$@ GaN	1.000	0.934	0.066	−33.570	32.46	2.764×10^{-10}	0.141×10^{-10}
MgF_3@ GaN	1.000	0.997	0.003	−39.298	38.00	2.763×10^{-10}	0.068×10^{-10}
$MgCl_3$@ GaN	1.000	0.980	0.020	−37.251	36.02	2.766×10^{-10}	0.119×10^{-10}
$MgBr_3$@ GaN	1.000	0.955	0.045	−35.476	34.31	2.765×10^{-10}	0.140×10^{-10}
CaF_3@ GaN	1.000	0.997	0.003	−37.957	36.71	1.339×10^{-10}	0.080×10^{-10}
$CaCl_3$@ GaN	1.000	0.980	0.020	−38.985	37.70	4.204×10^{-10}	0.125×10^{-10}
$CaBr_3$@ GaN	1.000	0.958	0.042	−185.045	178.95	1.333×10^{-10}	0.141×10^{-10}

为了确定 XY_3@ GaN 的磁基态，通过扩大原始晶胞构建了 FM 和 AFM 的模型[17]。图 12-9 显示了 XY_3@ GaN 的 FM 和 AFM 的模型结构，箭头 1 代表磁矩为正，箭头 2 代表磁矩为负。XY_3@ GaN 的 FM 和 AFM 之间的能量差（ΔE_{FM-AFM}）见表 12-2，ΔE_{FM-AFM} 为负值表明 XY_3@ GaN 的磁基态为 FM。此外，居里温度是评价铁磁材料的一个重要指标。大多数二维半金属材料的居里温度较低，因此设计具有高温铁磁性的二维半金属材料非常重要。居里温度（T_C）的计算公式如下[18-19]：

$$\frac{3}{2}k_B T_C = -\frac{\Delta E_{FM-AFM}}{N} \tag{12-4}$$

式中 k_B——玻耳兹曼常数；

N——吸附原子数。

计算结果表明，CaBr$_3$@GaN 的居里温度最高（见表 12-2），因此能在较高温下保持铁磁性。研究结果表明，XY$_3$@GaN 可应用于自旋电子器件。

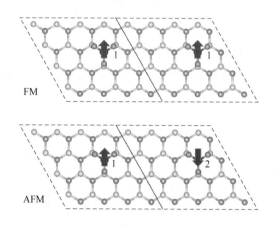

图 12-9　XY$_3$@GaN 超胞的 FM 和 AFM 结构图

12.2.3　力学特性

压电材料可以将机械应变转换为电场，并且在传感器、能源和电子学中具有潜在的应用。Xiang 等人[20]提出可以通过降低块体材料的维数来增强压电效应，而二维压电材料的性能可以通过应变或磁场轻松调节。因此，越来越多的研究人员开始关注二维压电材料。图 12-10 显示了 XY$_3$@GaN 的面内和面外压电极化随 X 轴应变的变化，其中圆形线和矩形线分别代表面内和面外压电极化。

压电效应是电极化和应变张量之间的耦合，可由以下的三阶张量表征[21]：

$$e_{ijk} = \frac{\partial P_i}{\partial \varepsilon_{jk}}, \quad i, j, k \in (1, 2, 3) \tag{12-5}$$

式中　e_{ijk}——压电系数；

　　　P_i——电极化；

　　　ε_{jk}——应变张量；

　　　1,2,3——X、Y、Z 方向。

面内（e_{11}）和面外（e_{31}）压电系数是通过对电极化和应变进行线性拟合得到的。由表 12-2 可知，CaCl$_3$@GaN 的面内压电系数最大，远高于其他常见的二维（过渡金属二钙化物）和三维（α-石英）压电材料[22-23]；XY$_3$@GaN 的面外压电系数小于面内压电系数，其中，BeBr$_3$@GaN 和 MgBr$_3$@GaN 的面外压电系数最大，与其他二维面外压电材料相当[24]。

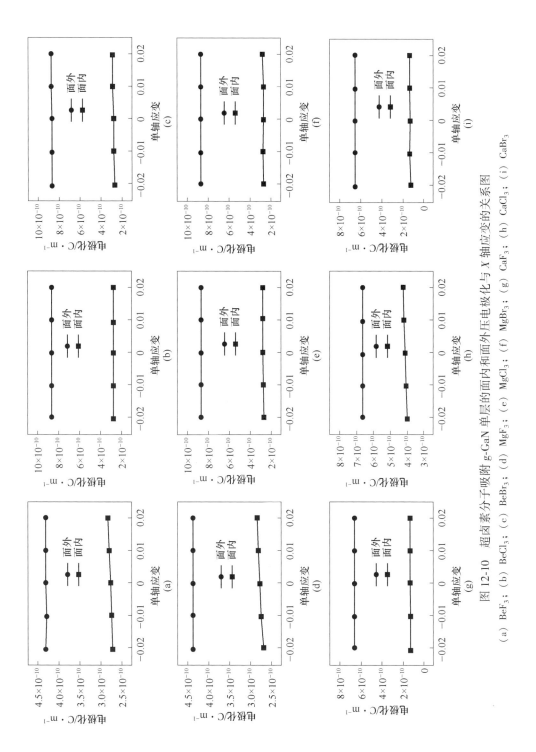

图 12-10 超卤素分子吸附 g-GaN 单层的面内和面外压电极化与 X 轴应变的关系图

(a) BeF₃; (b) BeCl₃; (c) BeBr₃; (d) MgF₃; (e) MgCl₃; (f) MgBr₃; (g) CaF₃; (h) CaCl₃; (i) CaBr₃

12.2.4 输运特性

构建了如图 12-11 所示的电流输运模型，其中半无限的左右电极区域与中央散射区域相接触。图 12-12 为 $XY_3@GaN$ 在 $0.0 \sim 1.0$ V 范围内的 g-GaN 单层和 $XY_3@GaN$ 的 $I\text{-}V$ 曲线。$CaF_3@GaN$ 和 $CaCl_3@GaN$ 的阈值电压为 0 V，而其他 7 个体系的阈值电压均为 0.2 V。当电压大于阈值电压时，电流会随着电压的升高先增大后减小，这体现了负微分电阻（NDR）特性[25-26]。其中，$BeCl_3@GaN$ 的 NDR 特性最为明显，其峰值电流为 1.19 nA。结果表明，$XY_3@GaN$ 具有 NDR 特性，有望应用于开关器件。

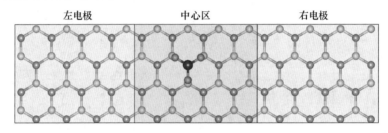

图 12-11 $XY_3@GaN$ 的电流输运模型

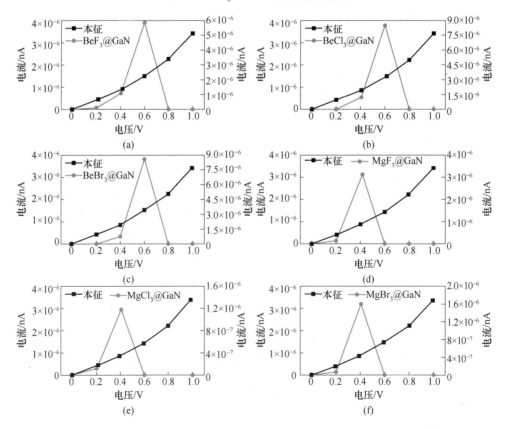

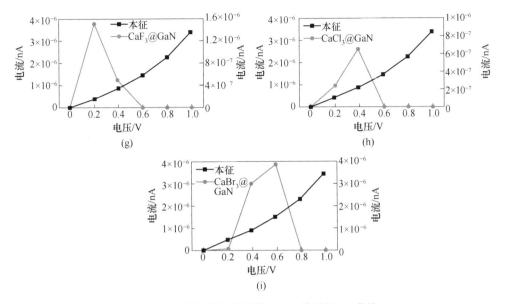

图 12-12 超卤素分子吸附 g-GaN 单层的 *I-V* 曲线

（a）BeF_3；（b）$BeCl_3$；（c）$BeBr_3$；（d）MgF_3；（e）$MgCl_3$；（f）$MgBr_3$；

（g）CaF_3；（h）$CaCl_3$；（i）$CaBr_3$

本章基于第一性原理对 XY_3@GaN 的电子、磁和输运特性进行了研究。结合能结果表明 XY_3@GaN 最稳定的吸附位点为 S_N，最稳定的旋转角度为 T_1。负的结合能说明结构是稳定的，大的结合能绝对值说明 XY_3 超卤素分子与 g-GaN 单层之间存在很强的相互作用力。由于 XY_3 超卤素分子具有高 EA，XY_3 超卤素分子从 g-GaN 单层中获得了大量的电荷，从而实现了 p 型掺杂。XY_3@GaN 属于半金属，其自旋向上的能带显示出较大的带隙，而自旋向下的能带向上移动并越过了费米能级。XY_3@GaN 具有铁磁性，磁矩为 $1\mu_B$，主要由 N 原子贡献。XY_3@GaN 具有大的面内压电系数和较大的面外压电系数，有望成为新型二维压电材料。此外，XY_3@GaN 还具有显著的 NDR 特性。因此，XY_3@GaN 在自旋电子学、压电和开关领域中具有潜在的应用价值。

参 考 文 献

［1］ NOVOSELOV K S, GEIM A K, MOROZOV S V, et al. Electric field effect in atomically thin carbon films ［J］. Science, 2004, 306（5696）：666-669.

［2］ YAO Q, LU M, DU Y, et al. Designing half-metallic ferromagnetism by a new strategy：An example of superhalogen modified graphitic C_3N_4 ［J］. Journal of Materials Chemistry C, 2018, 6（7）：1709-1714.

［3］ CHEN Y, WANG G, YUAN H, et al. A van der Waals CaCl semiconducting electrene and ferromagnetic half-metallicity induced by superhalogen decoration [J]. Materials Today Communications, 2022, 32: 104176.

[4] DONG Y, LI E, CUI Z, et al. Magnetic and self-doping in g-GaN monolayer adsorbing superhalogens [J]. Vacuum, 2023: 112304.

[5] JOSÉ M S, EMILIO A, JULIAN D G, et al. The SIESTA method for ab initio order-N materials simulation [J]. Journal of Physics: Condensed Matter, 2002, 14 (11): 2745.

[6] BRANDBYGE M, MOZOS J L, ORDEJÓN P, et al. Density-functional method for nonequilibrium electron transport [J]. Physical Review B, 2002, 65 (16): 165401.

[7] HUANG X, SHU X, LI J, et al. DFT study on type-Ⅱ photocatalyst for overall water splitting: g-GaN/C_2N van der Waals heterostructure [J]. International Journal of Hydrogen Energy, 2023, 48 (33): 12364-12373.

[8] SHEN P, LI E, ZHENG Y, et al. Investigation of C60 fullerenes modified g-GaN monolayer based on DFT study [J]. Vacuum, 2021, 191: 110356.

[9] NOSÉ S. A unified formulation of the constant temperature molecular dynamics methods [J]. The Journal of Chemical Physics, 1984, 81 (1): 511-519.

[10] HOAT D, NGUYEN D K, PONCE-PEREZ R, et al. Opening the germanene monolayer band gap using halogen atoms: An efficient approach studied by first-principles calculations [J]. Applied Surface Science, 2021, 551: 149318.

[11] BAO A, LI X, GUO X, et al. Tuning the structural, electronic, mechanical and optical properties of silicene monolayer by chemical functionalization: A first-principles study [J]. Vacuum, 2022, 203: 111226.

[12] HENKELMAN G, ARNALDSSON A, JÓNSSON H. A fast and robust algorithm for Bader decomposition of charge density [J]. Computational Materials Science, 2006, 36 (3): 354-360.

[13] SANVILLE E, KENNY S D, SMITH R, et al. Improved grid-based algorithm for Bader charge allocation [J]. Journal of Computational Chemistry, 2007, 28 (5): 899-908.

[14] TANG W, SANVILLE E, HENKELMAN G. A grid-based Bader analysis algorithm without lattice bias [J]. Journal of Physics: Condensed Matter, 2009, 21 (8): 084204.

[15] SATO K, BERGQVIST L, KUDRNOVSKÝ J, et al. First-principles theory of dilute magnetic semiconductors [J]. Reviews of Modern Physics, 2010, 82 (2): 1633.

[16] WANG S, YU J. Magnetic behaviors of 3d transition metal-doped silicane: A first-principle study [J]. Journal of Superconductivity and Novel Magnetism, 2018, 31: 2789-2795.

[17] CHEN G X, LI H F, YANG X, et al. Adsorption of 3d transition metal atoms on graphene-like gallium nitride monolayer: A first-principles study [J]. Superlattices and Microstructures, 2018, 115: 108-115.

[18] WANG Y, LI S, YI J. Electronic and magnetic properties of Co doped MoS_2 monolayer [J]. Scientific Reports, 2016, 6 (1): 24153.

[19] TANG W, SUN M, YU J, et al. Magnetism in non-metal atoms adsorbed graphene-like gallium nitride monolayers [J]. Applied Surface Science, 2018, 427: 609-612.

［20］XIANG H J, YANG J, HOU J G, et al. Piezoelectricity in ZnO nanowires: A first-principles study ［J］. Applied Physics Letters, 2006, 89 （22）: 041301.

［21］WU W, WANG L, LI Y, et al. Piezoelectricity of single-atomic-layer MoS_2 for energy conversion and piezotronics ［J］. Nature, 2014, 514 （7523）: 470-474.

［22］DUERLOO K A N, ONG M T, REED E J. Intrinsic piezoelectricity in two-dimensional materials ［J］. The Journal of Physical Chemistry Letters, 2012, 3 （19）: 2871-2876.

［23］BOTTOM V E. Measurement of the piezoelectric coefficient of quartz using the Fabry-Perot dilatometer ［J］. Journal of Applied Physics, 1970, 41 （10）: 3941-3944.

［24］YANG J, WANG A, ZHANG S, et al. Coexistence of piezoelectricity and magnetism in two-dimensional vanadium dichalcogenides ［J］. Physical Chemistry Chemical Physics, 2019, 21 （1）: 132-136.

［25］WU Y, FARMER D B, ZHU W, et al. Three-terminal graphene negative differential resistance devices ［J］. ACS Nano, 2012, 6 （3）: 2610-2616.

［26］PRAMANIK A, SARKAR S, SARKAR P. Doped GNR p-n junction as high performance NDR and rectifying device ［J］. The Journal of Physical Chemistry C, 2012, 116 （34）: 18064-18069.

13　g-GaN/Si$_9$C$_{15}$异质结光催化性能

随着能源需求的不断增长和环境问题的日益严重，寻找可持续能源和清洁化学反应的解决方案已成为一项紧迫的全球性挑战[1-2]。在各种可再生能源技术中，光催化水分解技术已成为一种前景广阔的能源生产和环境修复方法[3-5]。在光催化过程中，光催化剂可以吸收太阳光产生电子-空穴对，并将水转化为 H$_2$ 和 O$_2$，从而提供一种可重复的清洁能源[6-7]。近年来，二维材料因其独特的电子结构、高载流子迁移率和高比表面积而在光催化领域展现出巨大的潜力[8-11]。自 TiO$_2$ 被用作光催化剂产生 H$_2$ 以来[12]，研究人员发现了许多可用作高效光催化剂的二维材料，如 ZnO、SiP$_2$、g-C$_3$N$_4$、InSe、MoSe$_2$ 等[13-19]。然而，大多数单层光催化剂的光吸收范围有限，光生载流子复合率较高[20]。为了提高光催化效率，设计出具有高光吸收效率和优异电荷分离能力的新型光催化剂非常重要[21-24]。

过去几十年来，范德华异质结因其在光电转换和电荷分离方面的优异性能而备受瞩目[25-26]。Ⅱ型范德华异质结能够实现光生载流子的自发空间分离，从而提高光催化效率[27-28]。然而，大多数Ⅱ型范德华异质结的氧化还原能力较弱[29]。为了克服这一问题，设计了一种具有 S 型光生载流子移动路径的新型范德华异质结[30]。S 型范德华异质结由两种带隙不同的单层材料组成，其中一个单层材料作为氧化剂，另一个单层材料作为还原剂，实现了有效的电荷分离和传输[31-32]。在光照下，S 型异质结中的两个单层材料都可以吸收光能并产生电子-空穴对。由于内置电场的作用，光生电子聚集到具有更高导带能级的单层材料中，而空穴则聚集到具有更低价带能级的单层材料中[33]。S 型范德华异质结不仅降低了光生载流子重组率，还增强了氧化还原能力。先前的工作报道称，GaN/BS 异质结构是高效光催化剂的良好候选者[34]。受到 GaN/BS 异质结的启发，构建了 g-GaN/Si$_9$C$_{15}$ 异质结，并讨论了其电荷转移机制。Si$_9$C$_{15}$ 是一种具有热和动态稳定性、高载流子迁移率和可调电子特性的二维材料，在力学、光电子学和能量转换器等领域具有潜在的应用前景[35-36]。Gao 等人于 2022 年首次在 Ru（0001）和 Rh（111）衬底上成功合成了二维 Si$_9$C$_{15}$[37]。

本章利用第一性原理计算系统地研究了由 g-GaN 和 Si$_9$C$_{15}$ 单层构建的范德华异质结的电子结构、光学特性和光催化性能。g-GaN/Si$_9$C$_{15}$ 异质结是一种稳定的结构，具有 S 型光生载流子移动路径，其带边位置跨越了标准水还原（H⁺/H₂）和氧化（O₂/H₂O）电位。此外，还研究了 g-GaN/Si₉C₁₅异质结的光吸收谱、功率转换效率（PCE）、载流子迁移率、析氢反应（HER）和析氧反应（OER）的过电势、STH 效率和光电流。结果表明，g-GaN/Si₉C₁₅异质结不仅实现了光生载流子的空间分离，而且具有强氧化还原能力、大载流子迁移率、优异的光催化活性、较大的光电流和大消光比，在光催化和光探测器方面具有很大的潜力。

13.1 研究方法与模型

13.1.1 研究方法与计算参数

本章的所有计算都是基于第一性原理的 DFT[38]，在 VASP[39-40]中使用平面波能量截止值为 500 eV 的 PAW[41]进行的。分别使用 PBE[42]的 GGA 泛函和 HSE06 泛函[43]计算了结构弛豫和电子特性。通过 DFT-D3 方法修正范德华力[44]。力和自洽能的收敛标准分别为 10^{-2} eV/nm 和 10^{-7} eV。布里渊区选择以 G 为中心的 9×9×1 k 点网格，结构模型选择 2 nm 的真空层。分别采用 Nosé-Hoover 方法[45]和 DFPT[46-47]进行了 AIMD 模拟[48]和声子谱分析。光电流（J_{ph}）是基于 DFT 和非平衡格林函数（NEGF）形式通过 Nanodcal 软件包[49-50]计算得到的。原子核是使用标准范数守恒非局域赝势来定义的。电子温度设置为 100 K。电极和中心散射区域的 k 点网格分别采用 100×4×1 和 7×4×1。在光电流输运计算中，采用 1×8×1 的 k 点网格。

在计算载流子迁移率时，使用 Bardeen 和 Shockley[51]提出的 DP 理论计算电子-声子耦合。根据有效质量近似，二维材料的载流子迁移率 μ 为[52-53]：

$$\mu = \frac{e\hbar^3 C_{2\text{D}}}{k_{\text{B}} T m^* m_{\text{d}} E_{\text{DP}}^2} \tag{13-1}$$

式中　T——温度；

　　　m^*——有效质量；

　　　m_{d}——平均有效质量；

　　　$C_{2\text{D}}$——考虑泊松效应的面内弹性常数；

　　　E_{DP}——考虑泊松效应的 DP 常数。

$$m_{\text{d}} = \sqrt{m_X^* \times m_Y^*} \tag{13-2}$$

$$C_{2\text{D}} = (\partial^2 E/\partial \varepsilon_{X,Y}^2)/S_0 \tag{13-3}$$

$$E_{\text{DP}} = \Delta V/\varepsilon \tag{13-4}$$

式中　E——总能量；

$\varepsilon_{X,Y}$——在 X 或 Y 方向的外加应变；

S_0——平衡时的晶格面积；

ΔV——拉伸和压缩应变引起的 CBM 和 VBM 的能量变化。

其中，E、$\varepsilon_{X,Y}$、S_0 和 ΔV 分别为总能量、在 X 或 Y 方向的外加应变、平衡时的晶格面积及拉伸和压缩应变引起的 CBM 和 VBM 的能量变化。

13.1.2　研究模型与稳定性

在构建 g-GaN/Si$_9$C$_{15}$ 异质结之前，研究了本征 g-GaN 和 Si$_9$C$_{15}$ 的电子特性和稳定性。经过结构优化后，g-GaN 和 Si$_9$C$_{15}$ 原胞的晶格常数分别为 0.3255 nm 和 1.0015 nm。为了减小晶格失配，构建了如图 13-1 （a）和（d）所示的 g-GaN 单层的 3×3×1 超晶胞和 Si$_9$C$_{15}$ 单层 1×1×1 超晶胞。构建的 g-GaN/Si$_9$C$_{15}$ 异质结晶格失配率为 2.5%。图 13-1 （b）和（e）分别显示了 g-GaN 和 Si$_9$C$_{15}$ 单层的能带结构。g-GaN 和 Si$_9$C$_{15}$ 单层均具有直接带隙，分别为 3.22 eV 和 2.53 eV，这与现有的研究结果一致[36,50]。图 13-1 （c）和（f）分别显示了 g-GaN 和 Si$_9$C$_{15}$ 单层在 300 K 时的 AIMD 模拟结果。随着时间的推移，总能量逐渐收敛，表明 g-GaN 和 Si$_9$C$_{15}$ 单层具有热稳定性。图 13-2 （a）和（b）分别显示了 g-GaN 和 Si$_9$C$_{15}$ 单层的声子谱。在 Γ 点不存在虚频，这表明 g-GaN 和 Si$_9$C$_{15}$ 单层具有动态稳定性。

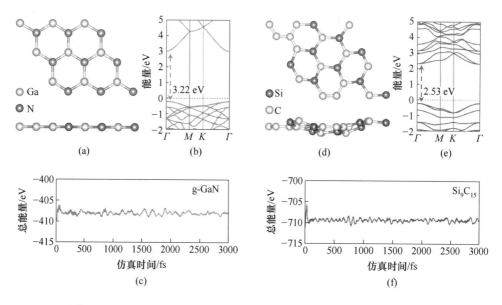

图 13-1　g-GaN 单层（a）~（c）和 Si$_9$C$_{15}$ 单层（d）~（f）的超晶胞结构、
HSE06 泛函能带结构和 AIMD 模拟的总能量变化曲线图

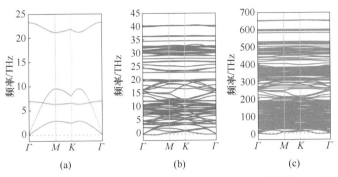

图 13-2 g-GaN 单层（a）、Si_9C_{15} 单层（b）和 g-GaN/Si_9C_{15} 异质结（c）的声子谱图

通过平移设计了如图 13-3（a）所示的 3 种堆叠结构，初始层间距为 0.3 nm，分别记为堆叠-A、堆叠-B 和堆叠-C。不同堆叠结构的能量稳定性计算公式如下：

$$E_f = E_{heterojunction} - E_1 - E_2 \qquad (13-5)$$

式中 $E_{heterojunction}$ ——异质结的总能量；

E_1，E_2 ——单层材料的总能量。

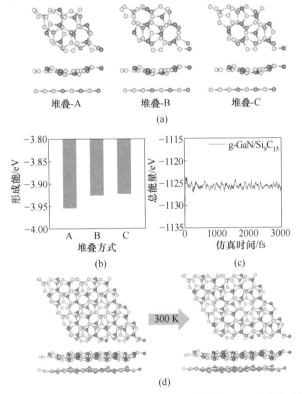

图 13-3 g-GaN/Si_9C_{15} 异质结不同堆叠类型的结构（a）和结合能图（b）
及在 300 K 时 AIMD 模拟的总能量曲线（c）和优化结构图（d）

在图 13-3（b）中，堆叠-A、堆叠-B 和堆叠-C 的形成能均为负值，分别为 -3.955 eV、-3.925 eV 和 -3.923 eV，表明这 3 种堆积结构在能量上是稳定的，其中堆叠-A 是最稳定的结构。如图 13-3（c）和（d）所示，在模拟过程中没有观察到总能量的显著波动，模拟结构完整，没有出现键的断裂，表明该结构具有热稳定性。此外，还计算了声子光谱，如图 13-2（c）所示。Γ 点没有虚频，这表明 g-GaN/Si₉C₁₅异质结具有动态稳定性[54-55]。因此，随后的计算以堆叠-A 为基础。

13.2　结果与讨论

13.2.1　电子特性

图 13-4（a）和（b）分别为 g-GaN/Si₉C₁₅异质结的能带路径和优化结构。g-GaN/Si₉C₁₅异质结的层间距为 0.3577 nm，这表明 g-GaN 和 Si₉C₁₅单层之间以范德华力结合。在图 13-4（b）中，虚线框 1 选的是正交晶胞，用于载流子迁移率

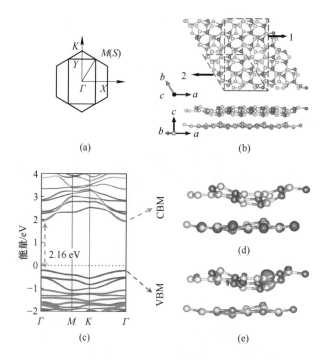

图 13-4　第一布里渊区的正交晶胞（Y、Γ、X 和 M 点）和六方晶胞（K、M 和 Γ 点）（a）、
g-GaN/Si₉C₁₅异质结的优化结构（b）、HSE06 泛函能带结构（c）及 VBM（d）
和 CBM（e）的部分电荷密度图

和光电流的计算，而虚线框 2 选的是六方晶胞，用于其他的计算。图 13-4（c）显示了 g-GaN/Si$_9$C$_{15}$ 异质结的 HSE06 泛函能带结构。g-GaN/Si$_9$C$_{15}$ 异质结的 VBM 和 CBM 均位于 Γ 点，属于直接带隙半导体。g-GaN/Si$_9$C$_{15}$ 异质结的带隙为 2.16 eV，小于 g-GaN 和 Si$_9$C$_{15}$ 单层。g-GaN/Si$_9$C$_{15}$ 异质结的 CBM 和 VBM 分别由 g-GaN 和 Si$_9$C$_{15}$ 层贡献，具有 II 型能带排列。为了进一步确认能带排列类型，计算了如图 13-4（d）和（e）所示的部分电荷密度。CBM 和 VBM 的部分电荷密度分别来自 g-GaN 和 Si$_9$C$_{15}$ 层，与能带结构的结果讨论一致。因此，g-GaN/Si$_9$C$_{15}$ 异质结具有 II 型带排列，可以分离载流子。

图 13-5（a）为 g-GaN/Si$_9$C$_{15}$ 异质结的静电势分布。功函数可由真空能级和费米能级之差得到。g-GaN 单层的功函数（5.088 eV）大于 Si$_9$C$_{15}$ 单层的功函数（4.922 eV），这表明 g-GaN 单层比 Si$_9$C$_{15}$ 单层更容易得到电子。在 g-GaN/Si$_9$C$_{15}$ 异质结中，电子 Si$_9$C$_{15}$ 层转移到 g-GaN 层，形成从 Si$_9$C$_{15}$ 层指向 g-GaN 层的内置电场。g-GaN/Si$_9$C$_{15}$ 异质结的内置电场方向与常见的 II 型能带的电场方向相反，表明它属于 S 型异质结[56]。经计算，g-GaN/Si$_9$C$_{15}$ 异质结的功函数和电位差（ΔV）分别为 4.754 eV 和 6.175 eV。较大的电位差有利于 S 型异质结的形成。

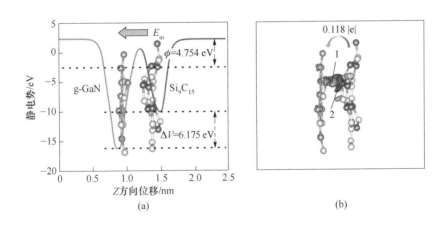

图 13-5 g-GaN/Si$_9$C$_{15}$ 异质结的静电势分布（a）和电荷密度差图（b）

为了探索 g-GaN/Si$_9$C$_{15}$ 层之间的电荷转移，通过以下公式计算了 g-GaN/Si$_9$C$_{15}$ 异质结的电荷密度差：

$$\Delta \rho = \rho_{\text{heterojunction}} - \rho_1 - \rho_2 \tag{13-6}$$

式中　$\rho_{\text{heterojunction}}$——异质结的电荷密度；

　　　ρ_1，ρ_2——单层材料的电荷密度。

图 13-5（b）为电荷密度差图，区域 1 表示获得电荷，区域 2 表示失去电荷。

可以看出，电荷主要聚集在 g-GaN 层的内部和右边界。Bader 电荷[57-59]分析表明有 0.118 个电子从 Si$_9$C$_{15}$层转移到 g-GaN 层。因此，形成从 Si$_9$C$_{15}$层指向 g-GaN 层的内置电场，这与功函数分析得出的结果一致。

13.2.2　S 型异质结机制与光学特性

图 13-6（a）为 g-GaN/Si$_9$C$_{15}$异质结中光生载流子移动路径的示意图。在光照的作用下，g-GaN 和 Si$_9$C$_{15}$的光生电子从 VB 跃迁到 CB，并在 VB 中产生光生空穴。在内建电场的作用下，g-GaN 在 CB 中的光生电子与 Si$_9$C$_{15}$在 VB 中的光生空穴复合。光生电子和光生空穴分别聚集在 Si$_9$C$_{15}$的 CB 和 g-GaN 的 VB。g-GaN/Si$_9$C$_{15}$异质结的氧化还原能力得到增强，该异质结属于 S 型异质结。合适的光催化剂需要具有跨越水的氧化还原电位的带边位置，而水的 pH 值对氧化还原电位有影响，不同 pH 值下标准水 H$^+$/H$_2$ 和 O$_2$/H$_2$O 的电位表达式如下：

$$E_{H^+/H_2} = -4.44 + 0.059 \times pH$$
$$E_{O_2/H_2O} = -5.67 + 0.059 \times pH \qquad (13\text{-}7)$$

利用式（13-7）计算出在 pH = 0（pH = 14）下的标准 H$^+$/H$_2$ 电位为 −4.440 eV（−3.614 eV），O$_2$/H$_2$O 电位为 −5.670 eV（−4.844 eV），如图 13-6（b）中的两条虚线所示。图 13-6（b）分别显示了 g-GaN 单层、Si$_9$C$_{15}$单层和 g-GaN/Si$_9$C$_{15}$异质结的带边位置。在图 13-6（b）中，g-GaN/Si$_9$C$_{15}$异质结的 H$^+$/H$_2$ 反应和 O$_2$/H$_2$O 反应分别发生在 Si$_9$C$_{15}$单层的 CBM（−2.892 eV）和 g-GaN 单层的 VBM（−6.258 eV）。g-GaN/Si$_9$C$_{15}$异质结的 H$^+$/H$_2$ 反应和 O$_2$/H$_2$O 反应的带边位置满足在 pH = 0~14 时光催化水分解的要求。此外，还考虑了 g-GaN/Si$_9$C$_{15}$异质结的光吸收谱和 PCE，如图 13-6（c）和（d）所示。与 g-GaN 和 Si$_9$C$_{15}$单层相比，g-GaN/Si$_9$C$_{15}$异质结的光吸收曲线出现了明显红移。g-GaN/Si$_9$C$_{15}$异质结的 PCE 为 11.03%，与 Al$_2$C/ZnO（12.60%）[60]和 MoSSe/蓝磷（12.90%）[61]异质结相当。

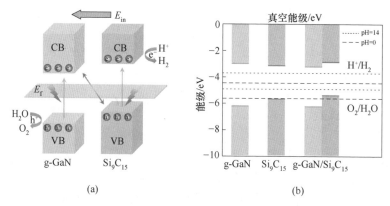

(a)　　　　　　　　　　　　　　(b)

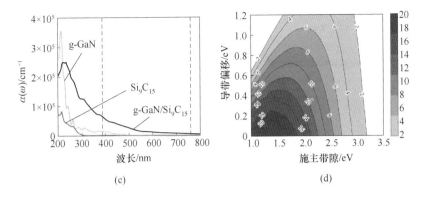

图 13-6　g-GaN/Si$_9$C$_{15}$异质结的 S 型光生载流子移动路径（a）、带边位置（b）、
光吸收谱（c）和 PCE 图（d）

13.2.3　催化特性

根据式（13-1）计算了基于 g-GaN/Si$_9$C$_{15}$异质结正交晶胞的载流子迁移率
（见表 13-1）。由表 13-1 可知，g-GaN/Si$_9$C$_{15}$异质结的电子迁移率远高于空穴迁移
率，g-GaN/Si$_9$C$_{15}$异质结的载流子迁移率具有明显的各向异性，在 X 和 Y 方向的
电子迁移率均大于空穴迁移率。g-GaN/Si$_9$C$_{15}$异质结沿 X 方向的电子迁移率最
大，超过了常见的二维单层材料[62-63]，与一些二维异质结材料相当[64]。g-GaN/
Si$_9$C$_{15}$异质结的高载流子迁移率说明载流子在异质结中转移速度快，从而可以提
高光催化水分解反应的活性。

表 13-1　g-GaN/Si$_9$C$_{15}$异质结沿 X 方向和 Y 方向的载流子迁移率

方向	类型	$m^*(m_e)$	E_{DP}/eV	C_{2D}/N·m^{-1}	μ/cm^2·V^{-1}·s^{-1}
X	电子	0.27	2.67	179.79	20.98×10^3
	空穴	0.97	1.38	179.79	1.97×10^3
Y	电子	0.25	6.07	165.77	8.96×10^3
	空穴	2.18	1.23	165.77	0.91×10^3

根据带边位置分析可知，g-GaN/Si$_9$C$_{15}$异质结能够发生氧化还原反应。可以
通过计算 HER 和 OER 中的吉布斯自由能（ΔG）来验证是否可以自发地进行氧
化还原反应。HER 过程包括以下步骤[65]：

$$* + (H^+ + e^-) = H^*$$

$$H^* + (H^+ + e^-) \Longrightarrow H_2 + {}^* \tag{13-8}$$

OER 过程包括以下步骤：

$$^* + H_2O \Longrightarrow OH^* + (H^+ + e^-)$$

$$OH^* \Longrightarrow O^* + (H^+ + e^-)$$

$$O^* + H_2O \Longrightarrow OOH^* + (H^+ + e^-)$$

$$OOH^* \Longrightarrow O_2 + (H^+ + e^-) + {}^* \tag{13-9}$$

式中，$*$ 为异质结表面上的自由吸收位点；H^*、OH^*、O^* 和 OOH^* 为氧化还原反应中的中间体。吸附后反应方程的 ΔG 的计算公式如下：

$$\Delta G = \Delta E + \Delta ZPE - T\Delta S + \Delta G_U + \Delta G_{pH} \tag{13-10}$$

式中　ΔE——反应的产物和反应物之间的总能量；

　　　ΔZPE——反应的产物和反应物之间的零点能量；

　　　ΔS——反应的产物和反应物之间的熵差；

　　　ΔG_U——电极电位对自由能的影响；

　　　ΔG_{pH}——pH 值对自由能的影响。

根据式（13-10）计算了 g-GaN/Si$_9$C$_{15}$异质结的 HER 和 OER 的各个步骤的 ΔG，如图 13-7 所示。图 13-7（a）和（b）显示了在 g-GaN 和 Si$_9$C$_{15}$界面的 HER 和 OER 的各个步骤的吸附结构，吸附位点应选择最稳定的吸附位点。结果表明，对于 g-GaN 界面，H、OH、O 和 OOH 的最稳定吸附位点分别为 N 原子、Ga 原子、N 原子和 N 原子；对于 Si$_9$C$_{15}$界面，H、OH、O 和 OOH 的最稳定吸附位点分别为 C 原子、Si 原子、C 原子和 Si 原子。图 13-7（c）为 HER 的 ΔG 曲线。g-GaN 和 Si$_9$C$_{15}$界面的 ΔG 分别为 -0.282 eV 和 0.076 eV，这表明 HER 主要发生在 Si$_9$C$_{15}$界面，是一种吸热反应。经过计算 g-GaN 和 Si$_9$C$_{15}$界面的过电势（$\eta^{HER} = |\Delta G^{HER}/e|$）分别为 0.282 V 和 0.076V。较小的过电势有利于发生 HER。图 13-7（d）和（e）为 OER 在 g-GaN 和 Si$_9$C$_{15}$界面的 ΔG 曲线。当 $U = 0$ V 时，g-GaN 和 Si$_9$C$_{15}$界面的限制步骤的 ΔG 分别为 2.291 eV（O^*）和 3.300 eV（OOH^*）。当 $U = 1.23$ V 时，g-GaN 和 Si$_9$C$_{15}$界面的限制步骤的 ΔG 分别为 -0.169 eV（O^*）和 -0.390 eV（OOH^*）。ΔG 结果表明，OER 主要发生在 g-GaN 界面，当 $U = 0$ V 时为内热反应，当 $U = 1.23$ V 时为放热反应。g-GaN 和 Si$_9$C$_{15}$界面的过电势（$\eta^{OER} = \Delta G^{OER}/e - 1.23$ V）分别为 0.794 V 和 2.852 V。HER 和 OER 的最佳界面与上述带边位置结果一致。g-GaN/Si$_9$C$_{15}$异质结的 HER（0.076 V）和 OER（0.794 V）的过电势较小，这表明该异质结是一种具有高反应速率的优秀光催化剂。

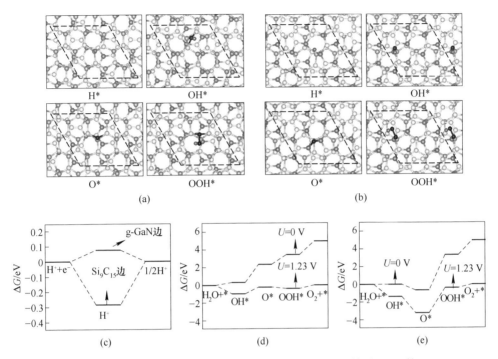

图 13-7 g-GaN/Si$_9$C$_{15}$异质结在 g-GaN 界面（a）和 Si$_9$C$_{15}$界面（b）的 HER

和 OER 模型图、发生 HER 的 ΔG 曲线图（c）及在 g-GaN 界面（d）

和 Si$_9$C$_{15}$界面（e）发生 OER 的 ΔG 曲线图

STH 效率（η_{STH}）是衡量光催化剂经济价值的重要参数，超过 10% 被认为具有商业价值[66]。η_{STH}的计算公式如下：

$$\eta_{STH} = \frac{\Delta G_1 \displaystyle\int_{E_{\min}}^{\infty} \frac{P(\hbar\omega)}{\hbar\omega} \mathrm{d}(\hbar\omega)}{\displaystyle\int_{0}^{\infty} P(\hbar\omega)\mathrm{d}(\hbar\omega) + \Delta E_v \int_{E_{\min}}^{\infty} \frac{P(\hbar\omega)}{\hbar\omega}\mathrm{d}(\hbar\omega)} \tag{13-11}$$

式中 ΔG_1——H$^+$/H$_2$ 和 O$_2$/H$_2$O 的电位差；

$P(\hbar\omega)$——AM 1.5G 标准太阳通量；

ΔE_v——异质结的两个表面之间的真空能级差；

$E_{\min}$——光子能量，计算公式如下[67]：

$$E_{\min} = \begin{cases} E_g, & (\mathcal{X}_{H_2} \geqslant 0.2, \ \mathcal{X}_{O_2} \geqslant 0.6) \\ E_g - \mathcal{X}_{H_2} + 0.2, & (\mathcal{X}_{H_2} < 0.2, \ \mathcal{X}_{O_2} \geqslant 0.6) \\ E_g - \mathcal{X}_{O_2} + 0.6, & (\mathcal{X}_{H_2} \geqslant 0.2, \ \mathcal{X}_{O_2} < 0.6) \\ E_g - \mathcal{X}_{H_2} - \mathcal{X}_{O_2} + 0.8, & (\mathcal{X}_{H_2} < 0.2, \ \mathcal{X}_{O_2} < 0.6) \end{cases} \tag{13-12}$$

式中 E_g——带隙；

$\chi_{H_2}(\chi_{O_2})$——标准 H⁺/H₂（O₂/H₂O）电位与 CBM（VBM）电位之差。

根据式（13-11）计算了 g-GaN/Si₉C₁₅ 异质结 STH 效率，见表 13-2。g-GaN/Si₉C₁₅ 异质结的 STH 效率高达 25.58%，超过了 WSSe（11.68%）[68]、PdSe₂（12.59%）[69]和 Ga₂SSe/CN（15.11%）[70]异质结，与 SeGe/SSn（26.45%）[71]和 SnC/HfSSe（27.47%）[64]异质结相当。此外，由于应变可以有效地调控带隙和带边位置，还考虑了双轴应变对 STH 效率的影响。当施加 4% 的拉伸应变时，g-GaN/Si₉C₁₅ 异质结的 STH 效率可提高到 43.19%，这表明该异质结在光催化领域具有巨大的潜力。

表 13-2   在不同应变下 g-GaN/Si₉C₁₅异质结的电势差、带隙、光子能量、真空能级差和 STH 效率

ε/%	χ_{H_2}/eV	χ_{O_2}/eV	E_g/eV	E_{min}/eV	ΔE_v/eV	η_{STH}/%
-4	1.63	1.33	1.59	1.59	0.516	36.43
-2	1.67	0.75	2.38	2.38	0.103	20.06
0	1.55	0.59	2.16	2.17	0.116	25.58
2	1.39	0.61	1.84	1.84	0.094	35.01
4	1.30	0.52	1.46	1.54	0.079	43.19

13.2.4   光电特性

根据能带结构分析可知，g-GaN/Si₉C₁₅ 异质结属于直接带隙半导体，其带隙在太阳光子能量范围内（1.6~3.1 eV）。因此，无须施加偏置电压，仅靠光照就能产生光电流。g-GaN/Si₉C₁₅ 异质结是光电探测器的理想候选材料。构建了如图 13-8（a）所示的光电流器件模型，其中半无限的左右电极区域与中央散射区域相接触。在光电流器件中，模型沿 X 轴方向呈周期性，电流沿 Y 轴方向流动，偏振光沿 Z 轴方向照射。

根据线性响应理论可知，g-GaN/Si₉C₁₅ 异质结的光电流（J_{ph}）计算公式如下[72-73]：

$$J_L^{(ph)} = \frac{ie}{h} \int \cos^2\theta \text{Tr}\{\Gamma_L[G_1^{<(ph)} + f_L(G_1^{>(ph)} - G_1^{<(ph)})]\} +$$

$$\sin^2\theta \text{Tr}\{\Gamma_L[G_2^{<(ph)} + f_L(G_2^{>(ph)} - G_2^{<(ph)})]\} +$$

$$2\sin(2\theta)\text{Tr}\{\Gamma_L[G_3^{<(ph)} + f_L(G_3^{>(ph)} - G_3^{<(ph)})]\}dE \quad (13-13)$$

式中 $G_{1,2,3}^{<(ph)}$——推迟格林函数；

$G_{1,2,3}^{>(ph)}$——超前格林函数；

Γ_L——线宽函数；

f_L——费米分布函数。

$G_{1,2,3}^{<(ph)}$、$G_{1,2,3}^{>(ph)}$、$\Gamma(E)$ 和 $f(E)$ 主要取决于光子频率 ω、光子通量 I_ω 和偏振矢量 e。根据式（13-9），利用光电流器件模型计算出 g-GaN/Si$_9$C$_{15}$ 异质结在线偏振光下的光电流，如图 13-8（b）所示，在 1.8～3.8 eV 范围内有 4 个光电流峰值。当光子能量为 2.6 eV 时，具有最大光电流。在图 13-8（c）中，当偏振角为135°时，具有最大光电流为 0.201 a$_0^2$/ph，高于图 13-8（d）和（e）中的 g-GaN（0.004 a$_0^2$/ph）和 Si$_9$C$_{15}$（0.102 a$_0^2$/ph）单层的最大光电流。

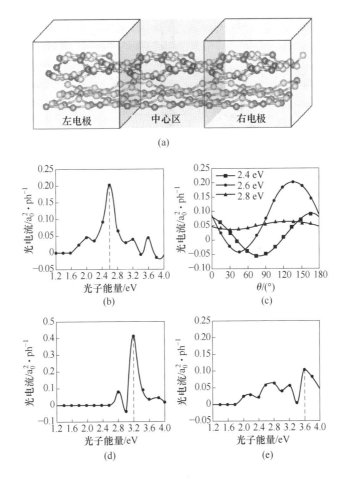

图 13-8　g-GaN/Si$_9$C$_{15}$ 异质结的光电流器件模型（a）、随光子能量变化（b）、随偏振角变化（c）、g-GaN（d）和 Si$_9$C$_{15}$单层（e）随光子能量变化的光电流图

图 13-9（a）显示了 g-GaN/Si$_9$C$_{15}$异质结的线偏振光与光电流之间的三维关系，清晰地展示了光电流随光子能量和偏振角的变化。此外，还通过计算消光比 ER＝max（$|J_\perp/J_{/\!/}|$，$|J_{/\!/}/J_\perp|$）研究了 g-GaN/Si$_9$C$_{15}$异质结的偏振灵敏性，其中 $J_{/\!/}$ 和 $J_\perp$ 分别是偏振角为 0°和 90°时的光电流。图 13-9（b）显示了 g-GaN/Si$_9$C$_{15}$异质结的消光比随光子能量变化的情况。当光子能量为 2.2 eV 时，消光比最大为 15.31，表明 g-GaN/Si$_9$C$_{15}$异质结具有良好的偏振灵敏性。最大消光比远远大于其他光子能量下的消光比，这表明 g-GaN/Si$_9$C$_{15}$异质结具有良好的光电流稳定性。因此得出结论，g-GaN/Si$_9$C$_{15}$异质结具有优异的光电效应，有望用于光电探测器。

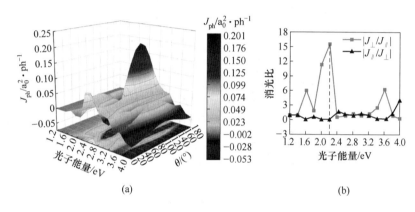

图 13-9 g-GaN/Si$_9$C$_{15}$异质结随光子能量和偏振角变化的光电流（a）
和随光子能量变化的消光比图（b）

基于第一性原理，本章通过计算 g-GaN/Si$_9$C$_{15}$异质结的稳定性、电子、光学和输运特性，研究了 g-GaN/Si$_9$C$_{15}$异质结的光催化水分解性能和光电效应。通过形成能、AIMD 模拟和声子谱的结果证明了 g-GaN/Si$_9$C$_{15}$异质结具有能量、热和动力学稳定性。g-GaN/Si$_9$C$_{15}$异质结是一种 S 型异质结，并满足在 pH＝0～14 时光催化水分解的带边位置的要求，这表明该异质结具有良好的氧化还原能力。g-GaN/Si$_9$C$_{15}$异质结具有各向异性的大的电子（空穴）迁移率为 20.98（8.96）× 10^3 cm^2/(V·s)。能带排列类型和载流子迁移率的结果说明 g-GaN/Si$_9$C$_{15}$异质结有利于实现电子和空穴的空间分离。g-GaN/Si$_9$C$_{15}$异质结的光吸收曲线覆盖了部分可见光区域，g-GaN/Si$_9$C$_{15}$异质结的 PCE 为 11.03%。此外，还计算了 g-GaN/Si$_9$C$_{15}$异质结在 HER 和 OER 中的 ΔG 和过电势。当 U = 1.23 V 时，g-GaN/Si$_9$C$_{15}$异质结的 OER 可自发进行。g-GaN/Si$_9$C$_{15}$异质结在 HER 中具有小的过电势为 0.076 V。g-GaN/Si$_9$C$_{15}$异质结的 STH 效率高达 25.58%，并且可以通过双轴应变有效提高。g-GaN/Si$_9$C$_{15}$异质结具有光电流高和消光比大的特点，因此，g-GaN/Si$_9$C$_{15}$异质结有望用于光催化水分解和光探测器。

参 考 文 献

[1] KATO H, ASAKURA K, KUDO A. Highly efficient water splitting into H_2 and O_2 over lanthanum-doped $NaTaO_3$ photocatalysts with high crystallinity and surface nanostructure [J]. Journal of the American Chemical Society, 2003, 125 (10): 3082-3089.

[2] TSAI L J, YUAN T H, SHIE R H, et al. Association between ambient air pollution exposure and insomnia among adults in Taipei City [J]. Scientific Reports, 2022, 12 (1): 19064.

[3] CHEN X, SHEN S, GUO L, et al. Semiconductor-based photocatalytic hydrogen generation [J]. Chemical Reviews, 2010, 110 (11): 6503-6570.

[4] ROGER I, SHIPMAN M A, SYMES M D. Earth-abundant catalysts for electrochemical and photoelectrochemical water splitting [J]. Nature Reviews Chemistry, 2017, 1 (1): 3.

[5] CHEN S, TAKATA T, DOMEN K. Particulate photocatalysts for overall water splitting [J]. Nature Reviews Materials, 2017, 2 (10): 17050.

[6] JIN W, SHIN C, LIM S, et al. Natural leaf-inspired solar water splitting system [J]. Applied Catalysis B: Environmental, 2023, 322: 122086.

[7] ALMAYYALI A O M, JAPPOR H R, MUHSEN H O. High hydrogen production in two-dimensional $GaTe/ZnI_2$ type-II heterostructure for water splitting [J]. Journal of Physics and Chemistry of Solids, 2023, 178: 111317.

[8] LIU G, JIN W, XU N. Two-dimensional-material membranes: A new family of high-performance separation membranes [J]. Angewandte Chemie International Edition, 2016, 55 (43): 13384-13397.

[9] LI S L, TSUKAGOSHI K, ORGIU E, et al. Charge transport and mobility engineering in two-dimensional transition metal chalcogenide semiconductors [J]. Chemical Society Reviews, 2016, 45 (1): 118-151.

[10] FARAJI M, BAFEKRY A, FADLALLAH M M, et al. Two-dimensional XY monolayers (X = Al, Ga, In; Y = N, P, As) with a double layer hexagonal structure: A first-principles perspective [J]. Applied Surface Science, 2022, 590: 152998.

[11] TAREQ S, ALMAYYALI A O M, JAPPOR H R. Prediction of two-dimensional AlBrSe monolayer as a highly efficient photocatalytic for water splitting [J]. Surfaces and Interfaces, 2022, 31: 102020.

[12] FUJISHIMA A, HONDA K. Electrochemical Photolysis of Water at a Semiconductor Electrode [J]. Nature, 1972, 238 (5358): 37-38.

[13] OU R, ZENG Z, NING X, et al. Improved photocatalytic performance of N-doped ZnO/graphene/ZnO sandwich composites [J]. Applied Surface Science, 2022, 577: 151856.

[14] MATTA S K, ZHANG C, JIAO Y, et al. Versatile two-dimensional silicon diphosphide (SiP_2) for photocatalytic water splitting [J]. Nanoscale, 2018, 10 (14): 6369-6374.

[15] SHIRAISHI Y, KANAZAWA S, SUGANO Y, et al. Highly selective production of hydrogen peroxide on graphitic carbon nitride ($g-C_3N_4$) photocatalyst activated by visible light [J]. ACS Catalysis, 2014, 4 (3): 774-780.

[16] WANG B, YUAN H, CHANG J, et al. Two dimensional InSe/C$_2$N van der Waals heterojunction as enhanced visible-light-responsible photocatalyst for water splitting [J]. Applied Surface Science, 2019, 485: 375-380.

[17] GUPTA U, NAIDU B S, MAITRA U, et al. Characterization of few-layer 1T-MoSe$_2$ and its superior performance in the visible-light induced hydrogen evolution reaction [J]. APL Materials, 2014, 2 (9): 092802.

[18] SHANG M, WANG W, REN J, et al. A novel BiVO$_4$ hierarchical nanostructure: controllable synthesis, growth mechanism, and application in photocatalysis [J]. CrystEngComm, 2010, 12 (6): 1754-1758.

[19] MAEDA K, TAKATA T, HARA M, et al. GaN: ZnO solid solution as a photocatalyst for visible-light-driven overall water splitting [J]. Journal of the American Chemical Society, 2005, 127 (23): 8286-8287.

[20] ZHOU P, YU J, JARONIEC M. All-solid-state Z-scheme photocatalytic systems [J]. Advanced Materials, 2014, 26 (29): 4920-4935.

[21] CHEN C, CAI W, LONG M, et al. Synthesis of visible-light responsive graphene oxide/TiO$_2$ composites with p/n heterojunction [J]. ACS Nano, 2010, 4 (11): 6425-6432.

[22] SUN S, DING H, MEI L, et al. Construction of SiO$_2$-TiO$_2$/g-C$_3$N$_4$ composite photocatalyst for hydrogen production and pollutant degradation: Insight into the effect of SiO$_2$ [J]. Chinese Chemical Letters, 2020, 31 (9): 2287-2294.

[23] WANG G, TANG W, XIE W, et al. Type-Ⅱ CdS/PtSSe heterostructures used as highly efficient water-splitting photocatalysts [J]. Applied Surface Science, 2022, 589: 152931.

[24] WANG G, CHANG J, TANG W, et al. 2D materials and heterostructures for photocatalytic water-splitting: A theoretical perspective [J]. Journal of Physics D: Applied Physics, 2022, 55 (29): 293002.

[25] GEIM A K, GRIGORIEVA I V. Van der Waals heterostructures [J]. Nature, 2013, 499 (7459): 419-425.

[26] GAO X, SHEN Y, MA Y, et al. ZnO/g-GeC van der Waals heterostructure: novel photocatalyst for small molecule splitting [J]. Journal of Materials Chemistry C, 2019, 7 (16): 4791-4799.

[27] WANG S, TIAN H, REN C, et al. Electronic and optical properties of heterostructures based on transition metal dichalcogenides and graphene-like zinc oxide [J]. Scientific Reports, 2018, 8 (1): 12009.

[28] WANG S, REN C, TIAN H, et al. MoS$_2$/ZnO van der Waals heterostructure as a high-efficiency water splitting photocatalyst: A first-principles study [J]. Physical Chemistry Chemical Physics, 2018, 20 (19): 13394-13399.

[29] XU Q, ZHANG L, YU J, et al. Direct Z-scheme photocatalysts: Principles, synthesis, and applications [J]. Mater Today, 2018, 21 (10): 1042-1063.

[30] XU Q, ZHANG L, CHENG B, et al. S-scheme heterojunction photocatalyst [J]. Chem, 2020, 6 (7): 1543-1559.

[31] MAEDA K. Z-scheme water splitting using two different semiconductor photocatalysts [J]. ACS

Catalysis, 2013, 3 (7): 1486-1503.

[32] FU J, XU Q, LOW J, et al. Ultrathin 2D/2D WO_3/g-C_3N_4 step-scheme H_2-production photocatalyst [J]. Applied Catalysis B: Environmental, 2019, 243: 556-565.

[33] XIA J, LIANG C, GU H, et al. Two-dimensional heterostructure of MoS_2/BA_2 PbI_4 2D ruddlesden-popper perovskite with an S scheme alignment for solar cells: A first-principles study [J]. ACS Applied Electronic Materials, 2022, 4 (4): 1939-1948.

[34] LUO Q, YIN S, SUN X, et al. GaN/BS van der Waals heterostructure: A direct Z-scheme photocatalyst for overall water splitting [J]. Applied Surface Science, 2023, 609: 155400.

[35] ZHOU J, LI J, ZHANG J. Intrinsic auxeticity and mechanical anisotropy of Si_9C_{15} siligraphene [J]. Nanoscale, 2023, 15 (27): 11714-11726.

[36] TAGANI M B. Si_9C_{15} monolayer: A silicon carbide allotrope with remarkable physical properties [J]. Physical Review B, 2023, 107 (8): 085114.

[37] GAO Z Y, XU W, GAO Y, et al. Experimental realization of atomic monolayer Si_9C_{15} [J]. Advanced Materials, 2022, 34 (35): 2204779.

[38] GRIMME S, ANTONY J, EHRLICH S, et al. A consistent and accurate ab initio parametrization of density functional dispersion correction (DFT-D) for the 94 elements H-Pu [J]. The Journal of Chemical Physics, 2010, 132 (15): 154104.

[39] KRESSE G, FURTHMÜLLER J. Efficient iterative schemes for ab initio total-energy calculations using a plane-wave basis set [J]. Physical Review B, 1996, 54 (16): 11169.

[40] HAFNER J. Ab-initio simulations of materials using VASP: Density-functional theory and beyond [J]. Journal of Computational Chemistry, 2008, 29 (13): 2044-2078.

[41] KRESSE G, JOUBERT D. From ultrasoft pseudopotentials to the projector augmented-wave method [J]. Physical Review B, 1999, 59 (3): 1758.

[42] PERDEW J P, BURKE K, ERNZERHOF M. Generalized gradient approximation made simple [J]. Physical Review Letters, 1996, 77 (18): 3865.

[43] HEYD J, SCUSERIA G E, ERNZERHOF M. Hybrid functionals based on a screened Coulomb potential [J]. The Journal of Chemical Physics, 2003, 118 (18): 8207-8215.

[44] GRIMME S, ANTONY J, EHRLICH S, et al. A consistent and accurate ab initio parametrization of density functional dispersion correction (DFT-D) for the 94 elements H-Pu [J]. The Journal of Chemical Physics, 2010, 132 (15): 154104.

[45] NOSÉ S. A unified formulation of the constant temperature molecular dynamics methods [J]. The Journal of Chemical Physics, 1984, 81 (1): 511-519.

[46] BARONI S, GIANNOZZI P, TESTA A. Green's-function approach to linear response in solids [J]. Physical Review Letters, 1987, 58 (18): 1861.

[47] BARONI S, DE Gironcoli S, DAL CORSO A, et al. Phonons and related crystal properties from density-functional perturbation theory [J]. Reviews of Modern Physics, 2001, 73 (2): 515.

[48] BUCHER D, PIERCE L C, MCCAMMON J A, et al. On the use of accelerated molecular dynamics to enhance configurational sampling in ab initio simulations [J]. Journal of Chemical Theory and Computation, 2011, 7 (4): 890-897.

[49] TAYLOR J, GUO H, WANG J. Ab initio modeling of quantum transport properties of molecular electronic devices [J]. Physical Review Letters, 2001, 63 (24): 245407.

[50] HENRICKSON L E. Nonequilibrium photocurrent modeling in resonant tunneling photodetectors [J]. Journal of Applied Physics, 2002, 91 (10): 6273-6281.

[51] HUANG X, SHU X, LI J, et al. DFT study on type-Ⅱ photocatalyst for overall water splitting: g-GaN/C$_2$N van der Waals heterostructure [J]. International Journal of Hydrogen Energy, 2023, 48 (33): 12364-12373.

[52] ZHENG Q, SAIDI W A, XIE Y, et al. Correction to phonon-assisted ultrafast charge transfer at van der Waals heterostructure interface [J]. Nano Letters, 2017, 20 (10): 6435-6442.

[53] BELLUS M Z, LI M, LANE S D, et al. Type-Ⅰ van der Waals heterostructure formed by MoS$_2$ and ReS$_2$ monolayers [J]. Nanoscale Horizons, 2017, 2 (1): 31-36.

[54] GUO J, ZHOU Z, WANG T, et al. Electronic structure and optical properties for blue phosphorene/graphene-like GaN van der Waals heterostructures [J]. Current Applied Physics, 2017, 17 (12): 1714-1720.

[55] BAO A, LI X, GUO X, et al. Tuning the structural, electronic, mechanical and optical properties of silicene monolayer by chemical functionalization: A first-principles study [J]. Vacuum, 2022: 111226.

[56] HOAT D, NGUYEN D K, PONCE-PEREZ R, et al. Opening the germanene monolayer band gap using halogen atoms: An efficient approach studied by first-principles calculations [J]. Applied Surface Science, 2021, 551: 149318.

[57] KHAMDANG C, SINGSEN S, NGOIPALA A, et al. Computational design of a strain-induced 2D/2D g-C$_3$N$_4$/ZnO S-scheme heterostructured photocatalyst for water splitting [J]. ACS Applied Energy Materials, 2022, 5 (11): 13997-14007.

[58] HENKELMAN G, ARNALDSSON A, JÓNSSON H. A fast and robust algorithm for Bader decomposition of charge density [J]. Computational Materials Science, 2006, 36 (3): 354-360.

[59] SANVILLE E, KENNY S D, SMITH R, et al. Improved grid-based algorithm for Bader charge allocation [J]. Journal of Computational Chemistry, 2007, 28 (5): 899-908.

[60] TANG W, SANVILLE E, HENKELMAN G. A grid-based Bader analysis algorithm without lattice bias [J]. Journal of Physics: Condensed Matter, 2009, 21 (8): 084204.

[61] LUO Y, WANG S, SHU H, et al. A MoSSe/blue phosphorene vdw heterostructure with energy conversion efficiency of 19.9% for photocatalytic water splitting [J]. Semiconductor Science and Technology, 2020, 35 (12): 125008.

[62] CAI Y, ZHANG G, ZHANG Y W. Polarity-reversed robust carrier mobility in monolayer MoS$_2$ nanoribbons [J]. Journal of the American Chemical Society, 2014, 136 (17): 6269-6275.

[63] KUMAR R, DAS D, SINGH A K. C$_2$N/WS$_2$ van der Waals type-Ⅱ heterostructure as a promising water splitting photocatalyst [J]. Journal of Catalysis, 2018, 359: 143-150.

[64] TANG W, WANG G, FU C, et al. Engineering two-dimensional SnC/HfSSe heterojunction as a direct Z-scheme photocatalyst for water splitting hydrogen evolution [J]. Applied Surface

Science, 2023, 626: 157247.

[65] ZHANG D, ZHOU Z, HU Y, et al. WS$_2$/BSe van der Waals type-II heterostructure as a promising water splitting photocatalyst [J]. Materials Research Express, 2019, 6 (3): 035513.

[66] COX C R, LEE J Z, NOCERA D G, et al. Ten-percent solar-to-fuel conversion with nonprecious materials [J]. Proceedings of the National Academy of Sciences, 2014, 111 (39): 14057-14061.

[67] FU C F, SUN J, LUO Q, et al. Intrinsic electric fields in two-dimensional materials boost the solar-to-hydrogen efficiency for photocatalytic water splitting [J]. Nano Letters, 2018, 18 (10): 6312-6317.

[68] JU L, BIE M, TANG X, et al. Janus WSSe monolayer: An excellent photocatalyst for overall water splitting [J]. ACS Applied Materials & Interfaces, 2020, 12 (26): 29335-29343.

[69] LONG C, LIANG Y, JIN H, et al. PdSe$_2$: Flexible two-dimensional transition metal dichalcogenides monolayer for water splitting photocatalyst with extremely low recombination rate [J]. ACS Applied Energy Materials, 2019, 2 (1): 513-520.

[70] ZHANG W X, YIN Y, HE C. Spontaneous enhanced visible-light-driven photocatalytic water splitting on novel type-II GaSe/CN and Ga$_2$SSe/CN vdW heterostructures [J]. The Journal of Physical Chemistry Letters, 2021, 12 (21): 5064-5075.

[71] YANG H, MA Y, ZHANG S, et al. GeSe@SnS: Stacked Janus structures for overall water splitting [J]. Journal of Materials Chemistry A, 2019, 7 (19): 12060-12067.

[72] WALDRON D, HANEY P, LARADE B, et al. Nonlinear spin current and magnetoresistance of molecular tunnel junctions [J]. Physical Review Letters, 2006, 96 (16): 166804.

[73] XIE Y, CHEN M, WU Z, et al. Two-dimensional photogalvanic spin-battery [J]. Physical Review Applied, 2018, 10 (3): 034005.

14 扭曲双层 g-GaN 电子、力学和光学特性

通过堆叠构建多层范德华材料可以扩展产生一系列丰富的物理现象[1]。除了改变范德华材料组成单层的材料和有序排列之外，层与层之间的相对旋转也可以改变范德华材料的物理性质。在扭曲系统中，通过范德华力将两种单层材料叠加并使其中一种材料与另一种材料旋转形成一定角度 θ 可使范德华材料产生周期性的电势变化，从而改变能带结构。由具有一定角度扭曲的单层材料组成的双层结构会形成具有周期性的莫尔超晶格（MSL）[2-3]，而由莫尔纹引起的部分原子环境变化可能在更大的尺度上产生有趣的电子特性[5]。因此，层与层之间的相对旋转角已经成为范德华材料中一个重要的自由度，可用于调控二维材料的性能，形成了一个被称为"扭曲电子学"的新领域[4]。目前，现代技术已经可以使研究人员精确地控制双层材料之间的旋转角度[6]，这为合成具有多种性能的扭曲双层 GaN 材料提供了可能性。

本章研究了 g-GaN 的扭曲和非扭曲双层结构的电子、力学和光学特性。计算了扭曲角为 13.17° 和 21.78° 的扭曲双层结构和堆叠类型为 AA' 的非扭曲双层结构的能带结构、载流子迁移率和光学特性。结果表明，扭曲堆叠能有效地调节带隙、载流子迁移率和光吸收谱。扭曲结构具有高载流子迁移率和宽光吸收谱，有望应用于纳米电子和光电器件领域。

14.1　研究方法与模型

14.1.1　研究方法与计算参数

在本章中，研究方法和计算参数与第 2 章一致。本章一共使用了两种类型的应变：X 轴应变（ε_X）和 Y 轴应变（ε_Y）。应变的范围为 $-2\% \sim 2\%$，步长为 1%。在无应变情况下，单胞的晶格矢量为 $\boldsymbol{a} = (a_0,\ 0,\ 0)$ 和 $\boldsymbol{b} = (-a_0/2,\ \sqrt{3}\,a_0/2,\ 0)$，其中 a_0 为平衡时的六方晶格常数。在 X 轴应变中，单胞的晶格矢量发生了变化，如下所示：

$$\boldsymbol{a}_1 = a_0(1 + \varepsilon_X,\ 0,\ 0);\quad \boldsymbol{b}_1 = a_0\left(-\frac{1}{2} - \frac{1}{2}\varepsilon_X,\ \frac{\sqrt{3}}{2},\ 0\right) \tag{14-1}$$

在 Y 轴应变中，单胞的晶格矢量发生了变化，如下所示：

$$\boldsymbol{a}_2 = a_0(1,\ 0,\ 0);\ \boldsymbol{b}_2 = a_0\left(-\frac{1}{2},\ \frac{\sqrt{3}}{2} + \frac{\sqrt{3}}{2}\varepsilon_Y,\ 0\right) \tag{14-2}$$

在计算弹性常数时，采用基于 Voigt-Reuss-Hill 近似的应力-应变方法[7-8]。基于胡克定律，通过建立拉格朗日应变和柯西应力张量之间的线性关系可以得到弹性常数（C_{11}、C_{12}和C_{44}）。其中杨氏模量（E_Y）和泊松比（ν）可表示如下：

$$E_Y = (C_{11}^2 - C_{12}^2)/C_{11} \tag{14-3}$$

$$\nu = C_{12}/C_{11} \tag{14-4}$$

14.1.2 研究模型与稳定性

选择单层 g-GaN 的 4×4 超胞作为本征结构，如图 14-1（a）所示。选择扭曲角度为 13.17°（扭曲−13.17°）、21.78°（扭曲−21.78°）和 180°（非扭曲−AA'）的双层 g-GaN 作为扭曲和非扭曲结构，分别如图 14-1（b）~（d）所示。在图14-1（b）和（c）中，菱形区域是扭曲−13.17°和扭曲−21.78°双层 g-GaN 结构的最小对称周期，因此扭曲双层 g-GaN 结构的单胞由菱形区域内的原子构建。在图 14-1（d）中，非扭曲−AA'双层 g-GaN 结构选择较大的 4×4×1 超胞进行计算。扭曲−13.17°、扭曲−21.78°和非扭曲−AA'双层 g-GaN 结构都具有六方晶格，3 种双层 g-GaN 结构的晶胞的化学成分分别为 $Ga_{38}N_{38}$、$Ga_{14}N_{14}$ 和 $Ga_{32}N_{32}$。经过弛豫优化后，扭曲−13.17°、扭曲−21.78°和非扭曲−AA'双层 g-GaN 结构的层间距分别为

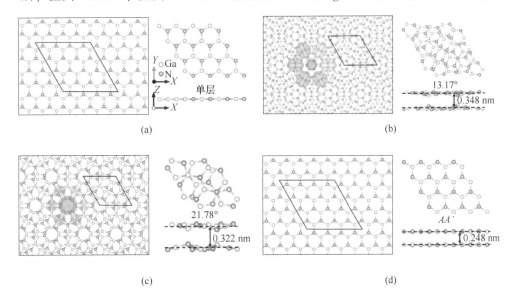

图 14-1　g-GaN 的优化结构图

（a）单层结构；（b）扭曲−13.17°双层结构；（c）扭曲−21.78°双层结构；（d）非扭曲−AA'双层结构

0. 348 nm、0. 322 nm 和 0. 248 nm，其中两种扭曲双层 g-GaN 结构的层间距均大于非扭曲双层 g-GaN 结构的层间距。层间距结果表明，扭曲 -13. 17°、扭曲 -21. 78°和非扭曲 -AA′双层 g-GaN 结构的层间都是通过范德华力相互连接的。

　　为了研究扭曲和非扭曲双层结构的稳定性，需要计算结合能（E_b）。由于扭曲和非扭曲双层结构的晶胞具有不同的原子数，因此很难直接比较它们的结合能。为便于比较扭曲和非扭曲双层结构，结合能被定义为由孤立的 GaN 分子形成相应结构所需要的能量，并且所有结构的结合能都被除以相应结构具有的原子对数。g-GaN 的单层结构、扭曲 -13. 17°双层结构、扭曲 -21. 78°双层结构和非扭曲 -AA′双层结构的结合能计算公式如下：

$$E_b = \left[E_{total}(Ga_n N_n) - nE_u(GaN) \right]/n \qquad (14-5)$$

式中　E_{total}——g-GaN 的单层结构、扭曲 -13. 17°双层结构、扭曲 -21. 78°双层结构和非扭曲 -AA′双层结构的总能量；

　　　　n——每种结构的原子对数，$n = 16$、14、32、38；

　　　　E_u——g-GaN 的本征结构单胞的总能量。

　　g-GaN 的单层结构、扭曲 -13. 17°双层结构、扭曲 -21. 78°双层结构和非扭曲 -AA′双层结构的结合能见表 14-1，所有体系的结合能均为负值，表明 g-GaN 的这些结构是稳定的。为了进一步确定这些结构在 300 K 时的稳定性，进行了 AIMD 模拟计算。图 14-2 和图 14-3 显示了 g-GaN 在 300 K 下的优化结构和总能量随时间的变化。优化结构没有出现键的断裂和重组，总能量在模拟过程中逐渐收敛，说明这些结构具有热稳定性。

表 14-1　g-GaN 的化学成分、结合能、带隙、层间距（D）和晶格常数

结构	单元胞	E_b/eV	E_g/eV	D/nm	a_0/nm
单层	$Ga_{16}N_{16}$	-0. 100	3. 20		1. 2865
扭曲 -13. 17°双层	$Ga_{38}N_{38}$	-0. 190	2. 82	0. 348	1. 4124
扭曲 -21. 78°双层	$Ga_{14}N_{14}$	-0. 193	2. 62	0. 322	0. 8553
非扭曲 -AA′双层	$Ga_{32}N_{32}$	-0. 314	3. 59	0. 248	1. 3290

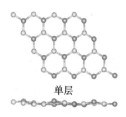

单层

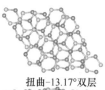

扭曲 -13. 17°双层

扭曲 -21. 78°双层

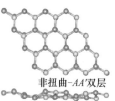

非扭曲 -AA′双层

图 14-2　300 K 下 g-GaN 的优化结构图

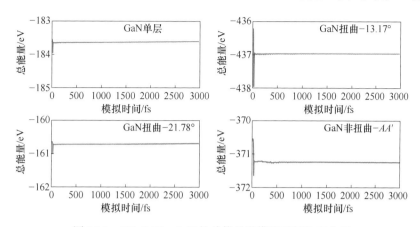

图 14-3　300 K 下 g-GaN 的总能量随模拟时间的变化图

14.2　结果与讨论

14.2.1　电子特性

　　g-GaN 的单层结构、扭曲-13.17°双层结构、扭曲-21.78°双层结构和非扭曲-AA'双层结构的能带结构分别如图 14-4 所示。g-GaN 的单层结构的带隙为 3.20 eV，这与之前的研究一致[9]。g-GaN 的扭曲-13.17°、扭曲-21.78°和非扭曲-AA'双层结构的带隙分别为 2.82 eV、2.62 eV 和 3.59 eV。非扭曲双层结构的带隙大于单层结构的带隙，而两种扭曲结构的带隙远小于单层结构的带隙。与其他结构相比，扭曲-13.17°双层结构的价带更平坦。对于这 4 种结构而言，VBM 和 CBM 不在同一个高对称点上，表明这 4 种结构的带隙是间接的。从上述结果可以看出，能带结构可以通过改变扭曲角度进行有效调制，目前已经可以通过实

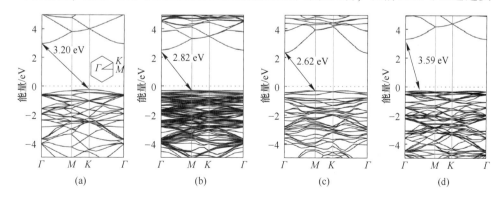

图 14-4　基于 HSE06 泛函计算的 g-GaN 的能带结构

（a）单层结构；（b）扭曲-13.17°双层结构；（c）扭曲-21.78°双层结构；（d）非扭曲-AA'双层结构

验控制双层二维材料（如石墨烯）之间的扭曲角度[6]，这有望在电子和光电器件中得到实际应用。

根据式（13-1）可知，载流子迁移率由 m^*、C_{2D} 和 E_{DP} 决定。因此，计算了 g-GaN 的 4 种结构沿 X 和 Y 方向的 m^*、C_{2D} 和 E_{DP} 的结果，见表 14-2。"e" 和 "h" 分别表示"电子"和"空穴"，X 和 Y 方向分别代表 M-Γ 和 M-K 方向。g-GaN 的单层结构和非扭曲-AA' 双层结构的 C_{2D} 是各向同性的，而 g-GaN 的扭曲-13.17° 双层结构和扭曲-21.78° 双层结构的 C_{2D} 是各向异性的。利用 X 轴应变和 Y 轴应变计算沿 X 方向和 Y 方向的 C_{2D} 和 E_{DP}。

表 14-2　在 300 K 时 4 种结构沿 X 方向和 Y 方向的载流子迁移率计算结果

类型	结构	m_X^* /m_e	m_Y^* /m_e	$E_{DP\text{-}X}$ /eV	$E_{DP\text{-}Y}$ /eV	$C_{2D\text{-}X}$ /N·m⁻¹	$C_{2D\text{-}Y}$ /N·m⁻¹	μ_X /cm²·V⁻¹·s⁻¹	μ_Y /cm²·V⁻¹·s⁻¹
e	单层	1.94	0.47	5.26	5.23	106.98	106.11	0.05×10³	0.19×10³
	扭曲-13.17°双层	0.46	0.47	4.85	4.28	167.73	188.06	0.73×10³	1.02×10³
	扭曲-21.78°双层	1.83	0.98	3.10	3.73	175.88	194.97	0.16×10³	0.23×10³
	非扭曲-AA'双层	2.40	1.70	4.13	4.22	149.64	147.49	0.04×10³	0.05×10³
h	单层	1.28	1.31	1.79	1.88	106.98	106.11	0.46×10³	0.39×10³
	扭曲-13.17°双层	4.71	4.71	0.81	1.08	167.73	188.06	0.25×10³	0.16×10³
	扭曲-21.78°双层	7.67	6.39	1.10	1.01	175.88	194.97	0.06×10³	0.09×10³
	非扭曲-AA'双层	2.10	1.87	0.71	0.53	149.64	147.49	1.55×10³	3.09×10³

图 14-5 显示了 4 种结构沿 X 方向和 Y 方向的总能量随应变的变化，其中 X 方向和 Y 方向的总能量随应变变化的虚线近似为抛物线。相关系数 $R^2 > 0.99$ 证实了抛物线近似的准确性。C_{2D} 是通过总能量与应变进行非线性拟合得到。4 种结构的电子和空穴有效质量都是各向同性的，即沿着 Γ-Y 和 Γ-H 方向的载流子有效质量基本上都是相等的，且空穴有效质量大于电子有效质量。图 14-6 显示了沿 X 方向和 Y 方向施加应变时 4 种结构的 CBM 和 VBM 的变化。E_{DP} 是通过带边位置与应变进行线性拟合得到的。

根据上述得到的 m^*、C_{2D} 和 E_{DP} 利用式（13-1）计算了 4 种结构的载流子迁移率，见表 14-2。g-GaN 的扭曲-13.17° 双层结构在 X 方向和 Y 方向上的电子迁移率远大于单层结构。g-GaN 的扭曲-21.78° 双层结构在 X 方向和 Y 方向上的电子迁移率也大于单层结构。g-GaN 的非扭曲-AA' 双层结构在 X 方向和 Y 方向上的空穴迁移率远大于单层结构。显然，扭曲堆叠可以调节二维材料的载流子迁移率，扭曲结构的载流子迁移率比 MoS_2（$0.20×10^3$ cm²/(V·s)）和

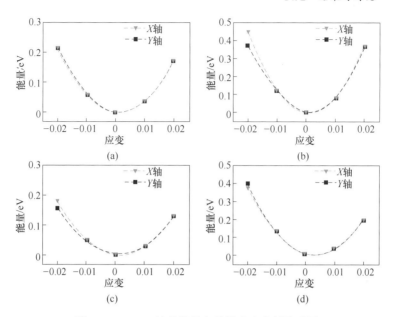

图 14-5 g-GaN 的总能量与单轴应变之间关系图

（a）单层结构；（b）扭曲-13.17°双层结构；（c）扭曲-21.78°双层结构；（d）非扭曲-AA'双层结构

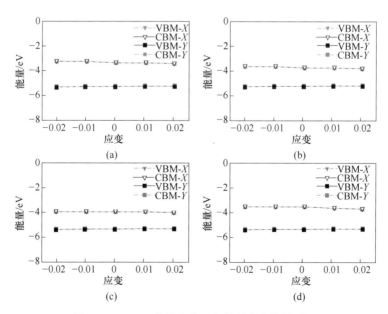

图 14-6 g-GaN 的带边位置与单轴应变的关系图

（a）单层结构；（b）扭曲-13.17°双层结构；（c）扭曲-21.78°双层结构；（d）非扭曲-AA'双层结构

WS_2（0.54×10³ cm²/（V·s））的载流子迁移率更大[10-11]，因此扭曲结构将有望在光电器件中得到应用。

14.2.2 力学特性

二维材料的力学特性可以通过弹性常数来评估，为此计算了 4 种结构的弹性常数，见表 14-3。

表 14-3 4 种结构的弹性常数、杨氏模量和泊松比

结构	$C_{11}/\text{N} \cdot \text{m}^{-1}$	$C_{12}/\text{N} \cdot \text{m}^{-1}$	$C_{44}/\text{N} \cdot \text{m}^{-1}$	$E_Y/\text{N} \cdot \text{m}^{-1}$	ν
单层	141.75	69.09	36.66	108.07	0.49
扭曲-13.17°双层	235.03	114.61	62.25	179.14	0.49
扭曲-21.78°双层	227.33	102.57	62.47	181.05	0.45
非扭曲-AA'双层	183.73	70.84	53.63	156.41	0.39

这 4 种结构由于其六方对称性而具有各向同性的弹性，因此只需要考虑 3 个独立的弹性常数：C_{11}、C_{12} 和 C_{44}。结果表明，所有结构的弹性常数都满足机械稳定性标准（Born-Huang 标准：$C_{11}>0$，$C_{44}>0$，$C_{11}>C_{22}$）[12-13]，说明这 4 种结构都具有机械稳定性。扭曲和非扭曲双层结构具有比单层结构更大的弹性常数，而扭曲双层结构具有比非扭曲和非扭曲结构更大的弹性常数。这表明扭曲双层结构具有更强的面内键合和更好的机械稳定性。此外，还利用式（14-3）和式（14-4）计算了 4 种结构的杨氏模量和泊松比。杨氏模量代表抵抗弹性变形的能力，杨氏模量越高的材料越难发生变形。泊松比代表抵抗剪切应变的能力。当对具有正泊松比的材料在某个方向施加压缩（拉伸）应变时，材料会在应变的垂直方向膨胀（收缩），而具有负泊松比的材料则相反。g-GaN 单层的杨氏模量和泊松比分别为 108.07 N/m 和 0.49（接近理论上限[14]），与之前的研究一致[15-16]。扭曲-13.17°和扭曲-21.78°双层结构具有比单层和非扭曲双层结构更大的杨氏模量。这表明扭曲结构抗弹性变形的能力得到了加强，有利于抵抗应力下的变形。扭曲-21.78°和非扭曲-AA'双层结构具有比单层和扭曲-13.17°双层结构更小的正泊松比。因此，与单层相比，扭曲结构的力学特性得到了显著调制。扭曲结构具有更好的机械稳定性、更强的抗弹性变形能力和更弱的抗剪切变形能力。

14.2.3 光学特性

图 14-7 显示了 4 种结构的光吸收谱。与 g-GaN 的单层结构相比，扭曲-13.17°、扭曲-21.78°和非扭曲-AA'双层结构的光吸收谱更宽，并覆盖了部分太阳光谱。扭曲-13.17°和扭曲-21.78°双层结构的吸收峰发生了红移，而非扭曲-AA'双层结构的吸收峰发生了蓝移。扭曲-13.17°、扭曲-21.78°和非扭曲-AA'双

层结构分别在 190 nm、200 nm 和 260 nm 附近出现吸收峰。结果表明，扭曲结构拓宽了光吸收谱，有望应用于紫外宽带电子设备和光电设备。

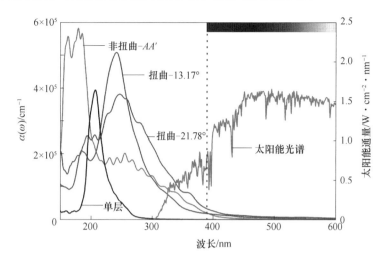

图 14-7　4 种结构的光吸收谱图

本章利用第一原理计算研究了 g-GaN 的单层结构、扭曲-13.17°双层结构、扭曲-21.78°双层结构和非扭曲-*AA*′双层结构的电子、力学和光学特性。计算结果表明，所有结构都是稳定的，并且 3 种扭曲和非扭曲结构的带隙都得到了有效调制。g-GaN 的扭曲-13.17°、扭曲-21.78°和非扭曲-*AA*′双层结构具有间接带隙。与单层结构相比，g-GaN 的扭曲双层结构能增强吸收峰并拓宽光吸收谱。扭曲双层结构具有比单层结构更大的杨氏模量和更小的泊松比。此外，还利用 DP 理论研究了扭曲和非扭曲双层结构的载流子迁移率。g-GaN 的扭曲-13.17°和扭曲-21.78°双层结构表现出较高的电子迁移率，而非扭曲-*AA*′双层结构表现出较高的空穴迁移率。扭曲和非扭曲双层 g-GaN 结构的带隙、载流子迁移率、弹性常数和光吸收谱都得到了有效调制，这些扭曲堆叠结构将在紫外宽带电子器件和光电器件领域中具有重要的应用前景。

参 考 文 献

［1］ AJAYAN P，KIM P，BANERJEE K. Two-dimensional van der Waals materials ［J］. Physics Today，2016，69（9）：38-44.

［2］ ALDEN J S，TSEN A W，HUANG P Y，et al. Strain solitons and topological defects in bilayer graphene ［J］. Proceedings of the National Academy of Sciences，2013，110（28）：11256-11260.

［3］ WOODS C R，BRITNELL L，ECKMANN A，et al. Commensurate-incommensurate transition in graphene on hexagonal boron nitride ［J］. Nature Physics，2014，10（6）：451-456.

［4］ CARR S, MASSATT D, FANG S, et al. Twistronics: Manipulating the electronic properties of two-dimensional layered structures through their twist angle ［J］. Physical Review B, 2017, 95 (7): 075420.

［5］ CAO Y, FATEMI V, FANG S, et al. Unconventional superconductivity in magic-angle graphene superlattices ［J］. Nature, 2018, 556 (7699): 43-50.

［6］ NIMBALKAR A, KIM H. Opportunities and challenges in twisted bilayer graphene: A review ［J］. Nano-Micro Letters, 2020, 12 (1): 126.

［7］ XIA S, DIAO Y, KAN C. Electronic and optical properties of two-dimensional GaN/ZnO heterojunction tuned by different stacking configurations ［J］. Journal of Colloid and Interface Science, 2022, 607: 913-921.

［8］ MENG X, SHEN Y, LIU J, et al. The PtSe$_2$/GaN van der Waals heterostructure photocatalyst with type Ⅱ alignment: A first-principles study ［J］. Applied Catalysis A: General, 2021, 624: 118332.

［9］ HUANG X, SHU X, LI J, et al. DFT study on type-II photocatalyst for overall water splitting: g-GaN/C$_2$N van der Waals heterostructure ［J］. International Journal of Hydrogen Energy, 2023, 48 (33): 12364-12373.

［10］ CAI Y, ZHANG G, ZHANG Y W. polarity-reversed robust carrier mobility in monolayer MoS$_2$ nanoribbons ［J］. Journal of the American Chemical Society, 2014, 136 (17): 6269-6275.

［11］ KUMAR R, DAS D, SINGH A K. C$_2$N/WS$_2$ van der Waals type-II heterostructure as a promising water splitting photocatalyst ［J］. Journal of Catalysis, 2018, 359: 143-150.

［12］ MOUHAT F, COUDERT F X. Necessary and sufficient elastic stability conditions in various crystal systems ［J］. Physical Review B, 2014, 90 (22): 224104.

［13］ LI Y, FENG Z, SUN Q, et al. Electronic, thermoelectric, transport and optical properties of MoSe$_2$/BAs van der Waals heterostructures ［J］. Results in Physics, 2021, 23: 104010.

［14］ GREAVES G N, GREER A L, LAKES R S, et al. Poisson's ratio and modern materials ［J］. Nature Materials, 2011, 10 (11): 823-837.

［15］ YIN S, LUO Q, WEI D, et al. Strain and external electric field modulation of the electronic and optical properties of GaN/WSe$_2$ vdWHs ［J］. Physica E, 2022, 142: 115258.

［16］ WANG J, REHMAN S U, TARIQ Z, et al. Two-dimensional CrSe$_2$/GaN heterostructures for visible-light photocatalysis with high utilization of solar energy ［J］. International Journal of Hydrogen Energy, 2024, 51: 382-395.